别让心态害了你

最实用的情绪管理课

BIERANG XINTAI HAILENI

章 岩⊙著

台海出版社

图书在版编目(CIP)数据

别让心态害了你:最实用的情绪管理课 / 章岩著.--北京:台海出版社,2014.6

ISBN 978-7-5168-0404-9

Ⅰ.①别… Ⅱ.①章… Ⅲ.①情绪–自我控制–通俗读物 Ⅳ.①B842.6-49

中国版本图书馆 CIP 数据核字 (2014) 第 164838号

别让心态害了你:最实用的情绪管理课

著　者:章　岩

责任编辑:王　萍

装帧设计:吴小敏　　　　版式设计:通联图文

责任校对:唐思磊　　　　责任印制:蔡　旭

出版发行:台海出版社

地　址:北京市朝阳区劲松南路 1 号，邮政编码：100021

电　话:010-64041652(发行,邮购)

传　真:010-84045799(总编室)

网　址:www.taimeng.org.cn/thcbs/default.htm

E-mail:thcbs@126.com

经　销:全国各地新华书店

印　刷:北京高岭印刷有限公司

本书如有破损、缺页、装订错误,请与本社联系调换

开　本:710mm×1000 mm　　　　1/16

字　数:210 千字　　　　印　张:16

版　次:2014 年 9 月第 1 版　　　　印　次:2014 年 9 月第 1 次印刷

书　号:ISBN 978-7-5168-0404-9

定　价:35.00 元

前　言

哲人说：你的心态就是你真正的主人。

伟人说：要么你去驾驭生命，要么是生命驾驭你。你的心态决定谁是坐骑，谁是骑师。

艺术家说：你不能延长生命的长度，但你可以扩展它的宽度；你不能改变天气，但你可以左右自己的心情；你不可以控制环境，但你可以调整自己的心态。

佛说：物随心转，境由心造，烦恼皆由心生。

狄更斯说：一个健全的心态比一百种智慧更有力量。

爱默生说：一个朝着自己目标永远前进的人，整个世界都会给他让路。

……

可见，一个人有什么样的心态，就会拥有什么样的生活，这是毋庸置疑的——就像做生意，你投入越大，将来获得的利润也就越多。

其实，人的心态无非有两种，一种是积极的心态，一种是消极的心态。而积极与消极之间的距离可以说很小，小到只在一念之间，但结果的差异却十分巨大，这个差距就是成功与失败的差距。积极的心态会让你变得越来越优秀，越来越成功；消极的心态则会让你变得越来越颓废，越来越失败……

那么，当你被困惑、争执、消极心态包围时，如何尝试解脱或改变，引爆内心积极的心态呢？

当你感觉不堪忍受的时候，当你因那些无法掌控的事情感到愤怒的

1

时候,你又能做些什么迅速地把自己从坏情绪的泥淖中拉出来,并学会从愤怒中获益呢?

……

曾经的一切不能决定你的现在,更不能决定你的未来。

将自己放小,世界就会变大。从现在起,张开虚心的耳朵去聆听,敞开包容的心灵去接纳,随时倒空心灵茶杯中的茶水,用好心态,去迎接人生新的可能,并不断装下新的欢喜与感动。

本书在世界知名的企业家、政治领袖、艺术家等成功人士的成功经验基础之上,总结出了最著名的成功的情绪管理和最幸福的心态模式。

书中道理通俗易懂,语言睿智幽默,读来让人耳目一新。通过阅读本书,你可以尝试从痛苦、挫折、烦躁、失败、困顿的生活中解脱出来,走向成功,收获幸福!

CONTENTS

目 录

上篇：认识心态，管理好你的情绪
——学习心态知识，找到调整不良情绪的好方法！

中篇:修炼心态,做内心强大的自己

——保持什么样的心态就会有什么样的行为方式,有什么样的行为方式就会有什么样的人生!

下篇:保持积极心态,要成功,更要幸福感

——心态是一个人生存和心灵状态的密码,掌握它,培育它,开发它,成功和幸福将不请自来!

认识心态，管理好你的情绪

上篇

——学习心态知识，找到调整不良情绪的好方法！

第 一 章

认识心态

——识别情绪的种类

1.坏情绪会导致身体的亚健康

常言道:"身体是革命的本钱。"没有一个好的身体,再怎么雄心壮志,你也无法付诸实践。所以,只有身体康健,做其他的事情才会有资本。

有关研究表明:一个人如果在精神上遭受重大的创伤或打击,即使心理调整得好,平均也要缩短寿命一年;如果恼怒超过半年不减,大约要缩短寿命2~3年。

从我国中医学的角度来讲,人的精神心理活动与肝脏的功能有关。当人受到精神刺激造成心情不畅、精神抑郁时,会影响肝脏功能的正常发挥。肝气不舒则急躁易怒、情绪激动,有时就会使人做出一些不理智的事情。另外,肝脏通过调节气息辅助脾胃消化,肝气郁结则气息不利、不思饮食。

而西医是用实验说明的。美国生理学家爱尔马曾做过一个实验:把一支玻璃管插在正好是0℃的冰水混合容器里,然后收集人们在不同情绪状态下的"气水",描绘出人生气的"心理地图"。实验发现,当人们心平气和时,冰水混合物里杂质很少;生气时则有紫色沉淀。爱尔马把人在生气时呼出的"生气水"注射到大白鼠身上,几分钟后,大白鼠就死了。

由此分析,人生气时的生理反应十分强烈,分泌物比任何时候都复杂,且更具毒性。所以,人体很多不良症状或者疾病的发生,都与自身的情绪变化有关。

王娜最近总觉得胸部疼痛,尤其是经期前的那几天,胸部一碰就疼,心情也莫名地烦躁。这天,她单位附近一家美容院开业,优惠酬宾,同事看到后就拉着她一起去美容院体验体验。

做精油按摩的时候,美容师一碰到她的胸,王娜就喊疼。

美容师用清油轻轻推拿,并跟她聊起天来。"你是不是最近经常跟老公吵架啊,你的乳腺增生挺明显的。"

王娜被说得不好意思,只能讪讪地说:"是啊,最近总觉得胸部疼痛。"

旁边的同事听到她们的对话,就说:"我也是呢,咱这病啊,多半都是被气出来的。年前我去医院检查,医生说我有乳腺增生,还好不太严重,医生说吃点药就好了,关键是要放松心情,少生气。你也去看看吧,这病严重了有可能致癌呢。"

同事的话,让王娜的心咯噔一下收紧了。

这段时间,丈夫的弟弟要买房,一开口就要借10万。丈夫碍于兄弟情面,觉得应该帮助,可是这么一大笔钱拿出去,会给家里造成很大影响。他们还计划给女儿买钢琴,还想买车代步,这下子,所有计划都乱了。为了这件事,这几个月夫妻俩没少吵架,王娜气得已经快一个月没给老公好脸色了。可她没想到,自己生气的时候,居然身体也跟着不健康了。

我们常听说一个词：气结——气不畅通就会郁结于胸，最后形成肿块，带来疼痛。所以，中医学中有这样一句话：通则不痛，痛则不通。更通俗的解释则是：气愤、压抑、闷闷不乐等精神因素会对人体的生理机能产生影响。

很多人觉得自己的身体没有毛病，不生病，就是健康的。事实并非如此，积压在内心的小情绪往往会导致身体处于亚健康状态。

下面，我们来一起识别一下亚健康的信号：

信号一：感觉眼睛发酸、干涩，看起来没"电力"。

你感觉眼睛酸痛、发胀、干涩、视力模糊，别人看你也觉得眼睛无神，"电眼"魅力不再，这就是疲劳导致的结果。

眼睛是一个很耗气血的器官，中医说"五脏六腑之精气皆注于目"，使眼睛发挥"看"的功能。看得久了，气血损耗，眼睛的各种功能包括调节、润滑、视物等都会减弱。

给眼睛充电：小时候做的眼保健操还记得吗？闭上眼睛，在眼周穴位按摩5分钟，再睁开眼睛时，你会感觉眼睛明亮了很多。或者，闭目，将双手掌心搓热，然后按在眼皮上，不断反复，5分钟后也会有同样的效果。

信号二：咽喉痛，声音沙哑，听上去老了5岁。

咽喉出现烧灼般的疼痛感，吃东西时感觉尤其严重，不仅说话费劲，声音听起来还有点沙哑。有这些状况的你一定是累了。90%的咽痛起源于喉部组织的感染，经常为病毒感染。

劳累时，体内的细胞免疫功能低下，血液中的细胞因子错误地接受了病毒，感染就在离外界最近的器官——咽喉出现了。当然，环境干燥、过度用嗓、抽烟喝酒等也起了一点推波助澜的坏作用。

润喉利咽一下：用一个小热水袋热敷喉咙，可以促进血液循环，减轻疼痛。每隔几小时，用一杯温水加半匙海盐或一片维生素C漱口，有消炎的作用。如果方便，可以再喝一杯酸奶。酸奶中含有嗜酸乳杆菌，是体内的良性菌，可以帮助消灭病毒。

信号三:头晕头痛,总是一副愁容。

最近经常头痛,看起来总是一副双眉紧锁的愁容,如果属于无病因的头痛,很可能就是疲劳导致的。当你感到疲劳时,精神紧张、情绪焦虑等不良症状往往已经有一段时间了。

大脑是神经最集中的部分,紧张时神经会呈现兴奋状态,需要血液、氧气补充,长期紧张兴奋,大脑会出现供血不足的状况,造成神经性头痛。

给神经充电:双手食指或中指按在太阳穴部位,反复以顺时针和逆时针方向按摩5分钟,可马上缓解疼痛。

其实,更重要的是去除疼痛源,这样才能治本。无论是紧张还是有压力,皆因过不了自己这一关,都放下又能怎样?人生做不成的事有很多,健康才是第一位的。

信号四:肩颈部发僵,动作像机器人。

感觉脖子、肩膀僵硬,头部维持在一个姿势不敢活动,像个机器人,这说明你的颈椎严重过劳了。

颈椎、韧带、肌肉间是一个稳定的结构,长期保持一个姿势,颈椎会退化,韧带会松弛,肌肉会痉挛,造成颈椎疲劳,扩散到肩颈部,就出现了僵硬、麻木的症状。

放松肩颈:降低电脑桌的高度,不宜高于70厘米,这样可以保证颈椎的自然弯曲,并放松颈部肌肉。同时,还要调整坐姿,让肩胛骨靠在椅背上,双肩放松,下巴抬起不要靠近脖子。

另外,每隔一小时休息5～10分钟,做颈椎保健操,包括颈椎前伸后仰、左右摆动、顺逆时针环绕6个动作。

信号五:食量大增,你的外号改叫"大胃王"。

这两天食量突然增加,特别喜欢高糖和厚味食物,午餐必加一道甜点才能满足。这是为什么呢?

疲惫者特别爱吃甜点等碳水化合物,可能是因为此类食物能快速填饱肚子;另一方面,疲劳也会降低自控力,让你更多地选择爱吃的巧克力而非不喜欢的胡萝卜;而且,劳累会扰乱体内血糖水平,导致身体产生更少的抑制食欲的激素和更多的刺激食欲的激素,造成过量饮食。

营养补给站:吃一点甜味水果吧,例如蓝莓、樱桃、石榴、草莓等。它们一样很甜,且比甜食更好:充满水分,可以帮助身体补水;富含维生素,让体内的营养更均衡;含抗氧化物,避免疲劳把你变得衰老。

信号六:记忆力下降,同事都笑你"老了"。

曾经,客户资料在你的大脑中存档,随用随取,可最近,干什么都得拿着记事本——脑力下降,最大的可能是脑疲劳。

血液是大脑的营养来源,当长期饱食、吸烟、在污浊的空气中工作、持续感觉紧张和压力时,大脑得不到充足的营养供应,脑细胞就会产生疲劳感,使你记不住事,注意力不集中。

给大脑充电:早餐吃个苹果。早晨醒来时大脑最缺乏营养,所以要吃一顿丰富的早餐为大脑补充能量,苹果是个不错的选择。美国研究人员发现,苹果能增加大脑神经传递素——乙酰胆碱的含量,提高记忆力。

信号七:一点小事也生气,人际关系有些紧张。

近期你有点焦躁,为了一点小事就发脾气,大家都不敢惹你了。这可能是疲劳引起的。疲惫的大脑会储存更多的消极记忆,我们疲累的时候更容易闷闷不乐,科学家甚至认为,疲倦者的行为表现与抑郁症患者非常相似。

滋养情绪:喝一杯玫瑰花茶。玫瑰的香气可以解忧,帮你忘记烦恼。同时,玫瑰有活血、通络的作用,能促进血液运行,增加大脑血液供应,恢复大脑的活力。如果再加一点绿茶,抗疲劳、抗氧化的作用就更好了。

信号八:关节疼痛,手指有点僵。

早晨起来手指关节发硬,活动或按压关节时有疼痛感,这可能是疲劳导致的关节炎。关节长期劳损,加上夜晚温度低、湿气重,早晨就会疼痛。

给关节充电:用红花煎水泡10分钟,或热毛巾敷一下就好了。最关键的是,工作中要经常做手指放松操,这有助于缓解关节疲劳。

信号九:口气不好,你说话时别人都侧着脸。

这两天说话时,别人都有躲闪的表情,后来自己也发现了:口气不太好。

如果你定期洗牙,那应该和牙周病无关,可能是最近太累了。身体劳累时,体内器官功能也会减弱,例如消化不良,食物郁积在肠胃,此时发出的口气一般是食物发酵后的怪怪的酸腐气味。

给肠胃减负:吃两天素食,即使不能完全吃素,也尽量在饮食中多吃蔬菜。大豆、蔬菜、水果等食物可以保持血液呈弱碱性,减少血液中乳酸、尿素等酸性物质,让体味清淡。劳累时尤其要少吃肉、多吃菜。

信号十:睡醒了还困,看起来没精神。

昨晚睡满了8小时,但早晨起来还是觉得困,人看起来也没精神。几乎所有疲劳人群都经历过漫长的试图睡而不成眠、翻来倒去的梦境、不解乏的睡眠过程。

这是因为当大脑疲劳时,神经已经兴奋太久,甚至出现了功能紊乱,在进入睡眠时,神经不能放松,依旧在混乱状态,脑力自然不能恢复。

给睡眠充电:解决睡眠焦虑。很多时候睡不着是因为心里有根弦一直绷着,放松不下来。听听音乐吧,把你的手机或音乐播放器放在枕头边,下载一个助眠软件,你就能在自己喜欢的海浪或雨声中入眠了。

不要以为自己的身体很结实,能耐得住情绪的长期"折磨"。人的健康有时候就像婴儿一样,需要精心的呵护和保养,否则,等到自己的健康"生病"的时候,你都无法预料它会对你的身体造成怎样的危害。

2.不同的认知产生不同的情绪

一位在酒店行业摸爬滚打了多年的成功人士说:"一个人不见得有比使他伤脑筋更大的事。在经营饭店的过程中,几乎天天会发生能把你气得半死的事。当我在为生计经营饭店而必须与人打交道的时候,我心中总是牢记着两件事情:一是绝不能让别人的劣势战胜你的优势;二是每当事情出了差错,或者某人真的使你生气了,你不仅不能大发雷霆,还要十分镇静,这样做对你的身心健康是大有好处的。"

一位商界精英说:"在我与别人共同工作的过程中,我多少学到了一些东西,其中之一就是,绝不要对一个人喊叫,除非他离得太远,不喊他就听不见;即使那样,你也得确保他能明白你为什么对他喊叫。对人喊叫在任何时候都是没有意义的,这是我的经验。喊叫只能制造不必要的烦恼。"

从上面两位的话中,我们可以看出控制住自己的情绪对于一个人办事有多么大的影响。所以,如果现在你觉得自己还不能很好地掌控自己的情绪,而你又想把事情办得尽善尽美,那么就多多留意,从控制自己的情绪做起。

一切的情绪都来自于我们自身,我们自己才是情绪的创造者。任何时候,我们都可以创造自己想要的感受,去体验期望中的情绪。

在情绪面前,你可以做出选择。

一个男青年失恋了,他跑到酒吧喝酒,感慨万千地借酒浇愁,泪水顺着他的脸颊滑落,他怎么也想不明白为什么会这样。凌晨一点多,他跟跟跄跄地回到了家里,第二天,他睡了一整天,但醒来后依然感到十分痛苦。他一直在悔恨,一直在想"如果",可生活毕竟无法重来,他被焦虑和烦躁困扰着,陷入了自我设置的思维里而不能自拔。最后,他竟无法忍受这份煎熬而发誓要报复这个社会。

另一个男青年,当女朋友提出与他分手的时候,他表面上是如此冷静,以致谁也无法从他的脸上体察到一丝一毫的情绪表现。可实际上,他心里却在翻江倒海、波涛汹涌,3年的感情就要在今天结束了!这个男青年也去了那家酒吧,默默地喝了几杯酒后就平静地回到了家里。第二天,他来到无人的旷野,大声地嘶吼,顺着无人的山路疯狂地奔跑,汗水湿透了他的衣服。第三天早上8点钟,他站在镜子面前微笑了一下,整理了一下领带就去上班了。他很平静地来到公司上班,他知道前面有一段全新的生活在等待着他。

许多事情,从不同的诠释角度来看,所产生的情绪效果就会完全不一样,毕竟不是所有的事情都能得到我们所想要的结果。

3.聪明人要学会掌控情绪

情绪是个很奇妙的东西。当我们被情绪困扰时,如果不能及时地跳出它的陷阱,那就会一直被它影响,这样一来,它给我们带来的消极影响将十分巨大。当然,这种影响是在不知不觉中进行的,所以,正视情绪问题对我们每一个人来说都十分重要。

有一位老太太,她有一只祖传三代的上等玉镯子,她每天都要把它擦了又擦,看了又看,总是爱不释手。一天,她不小心把玉镯子掉在了地上,摔碎了。老太太心痛万分,从此茶饭不思,人也变得越来越憔悴。时隔一年,她离开了人世。据说最后咽气时,她手里还紧紧握着那只破碎的玉镯子。

最新科学实验证明,癫狂症、胃肠疾病、高血压症、冠心病及乳腺癌等,都与人的情绪有直接的关系,有的则完全是由于强烈的情绪波动引起的。

美国密歇根大学心理学家的一项研究发现,一般人的一生平均有30%的时间处于情绪不佳的状态,因此,人们常常需要与那些消极情绪作斗争。

也许有些人还没有对情绪问题给予足够的重视,但不可否认的是,情绪一直在作用于我们的生活。街头几个菜贩因为抢占地盘不惜大动干戈,操起扁担就打了起来;公交车上因为某某不小心踩了谁一脚,便有了骂爹骂娘的声音;考场上因为紧张而出现情绪失控,导致场面陷入混乱;家庭内部的胡乱猜疑,使得纠纷频频发生;因为冲动,世间留下了许多悔恨不已的故事……

每个人都不可避免地会产生情绪,但因为面对问题的心态和处理的方法不一样,所产生的结果也呈现出了天壤之别。

实际上,即使我们有痛苦的情绪,也完全不必把它当成敌人看待,其实它们是在告诉你一个信息:你有些地方需要改一改。如果你能运用这些信息对自己进行调整、改变,你就能更好地掌握自己的人生。

例如,你在台上发表演讲时产生了紧张情绪,这是在告诉你必须改变内心的紧张心理。如果你做到了这一点,那么在日后的过程中,你就不会再为它所控制。别以为一切都无法改变,只要你想,就会有办法。

学会掌控情绪,你将享受到人生的精彩;相反,若你总是被情绪拖着走,那么,你应该明白,情绪化的人往往无法战胜自我,更不可能取得事业、爱情上的成功。

一个星期六的上午,汤姆去会见某知名公司的部门主管,约见地点是对方的办公室。部门主管事先说明他们的谈话会被打断20分钟,因为他约了一个房地产经纪人,他们之间关于该公司迁入新办公室的合同就差签字了。

由于只是个签字的手续,部门主管允许汤姆在场。

后来,那位房地产经纪人带来了平面图和预算,很明显,他已经说服了他的顾客。就在已经稳操胜券的时候,这位经纪人却出人意料地做了一件蠢事。

这位房地产经纪人最近刚刚与这家知名公司主管的主要竞争对手签了租房合同。他大概是太兴奋了,仍然陶醉在自己的成功之中,竟然向这名主管详细描述了一番那笔买卖是如何做成的,并热烈赞美了那个"竞争对手"的优秀之处,称赞其有眼力,很明智地租用了他的房子。汤姆当时猜想,接下去,他就该恭维这位公司主管也做出了同样的决策了。

可是不一会儿,公司主管站了起来,感谢那位房地产经纪人做了那么多介绍,然后说他暂时还不想搬家。

房地产经纪人一下子傻眼了。当他走到门口时,主管在后面说:"顺便提一下,我们公司的工作最近有一些创意,形势很好,不过这可不是踩着别人的脚印走出来的。"

或许在那个时候,房地产经纪人才意识到自己在关键时刻忘了控制得意的情绪,只顾着陶醉于自己已取得的推销成果,而忽略了买方也有其做出正确抉择的骄傲。这就是在办事时不会控制情绪的结果。

良好的情绪可以成为事业和生活的动力,而恶劣的情绪则会对身心健康产生破坏作用。因此,把自己的情绪升华到有利于个人社会的高度,乃是明智的良策。在情绪易于剧烈波动的时刻,你应该保持清醒的头脑,严防偏激情绪的爆发。人的情绪和其他一切心理过程一样,是受大脑皮层的调节和控制的,这就决定了人是能够有意识地控制和调节自己情绪的,可以理智驾驭情绪,做情绪的主人。

如何学会自制呢?最好的办法就是经常将自己放在别人的位置上想

想。有时，自己被激怒并不是对方故意为之，而是无意的行为。这种时候，如果不控制自己，任由感情爆发，结果肯定不怎么如意。

4.识别消极情绪的种类

心情不佳时，首先要识别、搞清楚自己到底是受到哪一种消极情绪的困扰。很多人会莫名其妙地感觉情绪波动，但却没有搞清是哪种情绪在影响着自己，这种情况下，调节情绪根本无从谈起。到底是郁闷、焦虑，还是无聊、孤独，你需要先搞清楚，最好明明白白地写在一张纸上。识别清楚了情绪，你才能决定采取何种措施。

忧虑、紧张——流行指数：★★★★★

忧虑、紧张是对即将发生的事件的焦虑，害怕会有不好的结果出现的一种心理状态。经常感到忧虑、担心的人，大多比较追求完美，不能忍受失败以及未来不确定的事件。

调节建议：

(1)弄清忧虑对象。

首先，你要知道自己忧虑的是什么，你的担心是否可以让结果有所不同，以及这个忧虑值不值得你去担心。每天用30分钟时间，写下你所担心的事由，一项项地写下来，然后放在一边，去做其他的事情。

(2)放慢生活节奏。

静下心来，放慢工作的脚步，投身到日常真切的生活中去，深入到自己内心世界中去，总结每一天的收获和体验，寻求安逸平静的内心感受。当新的情况和未知的变化来临时，你就能从容应对了。

(3)只在乎此时此地。

学会把所有的精力都集中在此时此地,把自己的视觉、听觉、嗅觉、触觉、味觉等感觉都放到此时此地的事物上,全身心地体验此时此刻的生活现实。事实上,在这个时刻,这可能是我们所能拥有的一切。

很多人感觉工作很累,其实可能是因为心思不仅在工作,还在同时挂念着家庭、婚恋、人际关系等种种问题。如果我们只是全身心地做事,并不会感觉那么累。

(4)掌握放松技巧。

学会一些放松的技巧,听一些舒缓的音乐,轻快、舒畅的音乐不仅能给人美的熏陶和享受,还能使人的精神得到有效的放松。

空虚、无聊——流行指数:★★★★★

空虚是指百无聊赖、闲散寂寞的消极心态,是不思追求、无所事事或不愿事事造成的。空虚通常发生在这样两种情景之中:一种是物质条件优越,无需为生活烦恼和忙碌,习惯并满足于享受,看不到也不愿看到人生的真实意义,没有也不想有积极的生活目的;另一种是心比天高,对人们通常向往的目标不屑追求,而自己向往的目标又无法达到而难以追求,结果是无所追求,心灵虚无空荡,精神无从着落。

调节建议:

(1)不要做让自己感觉更空虚的事。

长时间上网、看电视会让空虚、无聊感更加明显,所以,要有意控制自己不采取这些消遣方式。

(2)思想上要做改变。

人生不一定要十分辉煌,才算过得充实。平平凡凡、实实在在地做些事,也照样过得快乐。

(3)设定可以达到的目标。

及时调整生活目标,调动自己的潜力,可以想一些容易实现的愿望,让自己有所期盼。由于这些目标相对较为容易实现，达到目标后，你就会感觉充实些。

(4)找点切实的事情去做。

不要考虑得太多、太长远，想一想，自己今天能切实做点什么事情？比如，可做一些简单的家务，阅览一些有益的书籍，外出散散步，做些户外的体育运动，还可到郊外走走，或是去闹市逛逛……这些"小事"可让自己的生活充实起来。

(5)帮助他人。

试着用心去关怀自己的亲人、朋友，力所能及地帮他们做一些事，在体会助人的快乐以及自我价值感的同时，空虚无聊的感觉也会慢慢远离你。

(6)改变对生活的看法。

面对空虚，你要培养对生活的热情。生活是否美好，要看你以怎样的态度去对待它。一样的蓝天白云，一样的高山大海，只要你愿意，就可以从中感受到大自然的美丽。

发怒——流行指数：★★★★★

暴躁易怒是不良的性格和气质特征，如果一味压抑、控制怒气，长久可能会对健康不利；但是，经常发脾气又会影响人际关系，影响别人对自己的看法，甚至伤害到身边的人。比如，在家发脾气，有时会伤害到家人，引起家庭矛盾，当然，如果家人能理解你的"脾气"，就不会有什么问题；而如果是在外面发脾气，则很可能带来一些不必要的纠缠。

调节建议：

(1)发怒的时候不要讲话。

如果在发怒的时候讲话，很可能会使形势急转直下，导致双方的针锋相对。你在发怒的时候说话，对方也会用同样愤怒的语气回应你，从而形成恶性循环。如果能在外表上保持平静，则能留给我们时间让怒气消除一些。所以有人建议:发怒的时候,数到10再说话;如果是大怒,要数到100。

(2)用冷静的思考平息怒气。

当你感到怒气很大时,不妨退一步,冷静地想想一句话:"这样发火对我来说,不会在任何方面有所帮助,只能让整个问题变得更复杂。"即使我们内心还存在一部分怒气,但这样的思考可帮助我们控制一下愤怒的情绪。

(3)平静比发怒更值得珍惜。

如果你认为平静的心情比发怒的情绪更为宝贵,你就不会让怒气代替平静的心情,甚至占据我们的生活。可能你有理由对别人发火,但你也应该知道,对他们发火是要付出代价的,那就是让你失去平静的心情。

(4)离开让你发怒的情境。

可以暂时离开那个让你发怒的环境和人,或者独处,或者去做另外一件不相干的事,如去喝杯咖啡或听听音乐。

(5)向朋友倾诉。

可以找信赖的朋友或亲人,尽情地倾诉自己的不满和委屈,求得对方的支持和安慰;或是和朋友一起唱唱歌、乐一乐,把"气"放出来,也可痛哭一场。

(6)提高表达能力。

学会有效地表达自己。从某种角度讲,发怒,是因为我们不知道怎样表达自己的意见和想法。

孤独——流行指数:★★★★

孤独产生的原因多而复杂,比如事业上遭遇挫折,缺乏与异性的交往,失去父母的挚爱,夫妻感情不和,周围没有朋友等。孤独的产生,也与人的性格有关。社会文明程度增加了人与人之间的心理距离,初到一个全新的、陌生的环境,过低或过高的自我评价都会引起孤独的感觉。其实,很多情况下,孤独说明你希望和人交往、沟通。

调节建议:

(1)明白孤独是人生的一部分。

在漫长的人生旅程中,总会有无人相伴的时光,任何生命都会体验到孤独。感到孤独时,首先要用坦然、平静的心态接受它,然后试着用自己的方式来享受它。可以找一些事情来做,如看看书,发发呆,理理思绪,倾听一下自己内心的声音。

(2)学会和人交往。

交往中,不要强求别人和自己一样,要学会适应对方,而不是想着去改变对方。此外,还要学会和不同的人打交道。不要事先就有"这个人好"或"这个人坏"的想法,而应该全面地去看待一个人,允许人与人之间存在差异。你应经常抽出一点时间去主动接触别人,真诚地接受周围的朋友,逐渐改变自己封闭的生活方式。平时有意识地参加一些群体活动,加强自己的参与感,这会令你发现许多有趣的事和人,使你不知不觉地与他人融入到一起。

(3)享受大自然。

生活中有许多活动充满了乐趣,只要你能够充分领略它们的美妙之处,就能消除孤独感。

比如,当你遇到挫折,心绪不好,又不愿与别人倾诉而感到孤独时,可以到江边或空旷的田野,让大自然的清风尽情地吹拂,这样,心情就会逐渐开朗起来。

(4)再当一次学生。

就把自己当成一个小学生,学一门外语,或参加美术学习等。总之,可以做一些自己感兴趣的事情。在此过程中,你还能接触很多人。

失望——流行指数:★★★

失望常常源自于对人和事期望的落空,还可能是因为不接受自己。

生活中每个时期都有特定的内容,也会有不同程度的失望。随着年岁的增长,我们对现实的认识不断丰富,以及时间和机遇等因素的限制,失望情绪就像普通的感冒一样,总是不可避免。

调节建议:

(1)承认自己失望。

首先要承认失望情绪的存在,不要掩饰它。然后,如果您愿意的话,可以让自己难过一段时间。接着,可以对所受的损失做一定的分析,这样会让自己领悟到:我们所期望的每一件事情都并非绝对不可缺少。

(2)调整自己的期望。

期望越高,失望越大。所以,我们应该追求同自己的能力相当的目标。但有时候,目标虽然同自己的能力大小相符合,可是由于客观条件的限制,也会导致失望情绪,这时更应注意调整内心的期待值,使之与现实相符,这样才能有助于减少失望情绪。

(3)原来的想法并非不能放弃。

遇到难遂人愿的情况,我们应有放弃原来想法的思想准备,转而去追求新的目标。当然,这不等于"见异思迁"。比如,你去剧场听音乐会,你原先以为自己喜爱的歌唱家会参加演出,不料他因病不能演出,你当时会感到失望。如果你这时能将期望的目光投向其他歌唱家,并努力去欣赏他们的表演,你就会抛弃失望的情绪,逐渐沉浸在艺术美的境地中,内心充满了欢悦。

(4)从失望的事中取得收获。

令人失望的事也可以成为一次有积极作用的经历,因为它用事实给我们上了一课,使我们清醒了过来,正视生活的现实。它提醒我们重新考察自己的愿望,以便使之更加切合实际。事实上,如果回忆曾碰到的令自己失望的事情,并用现在的观点来重新估量当时的损失,大多数人都会感到自己已经摆脱了过去的失意,而且又有了值得欣慰的收获。

伤心、悲伤——流行指数：★★★

这是由于遭受到不如意或不幸的事而内心感觉到的一种痛苦、不如意的消极情绪。如与亲友离别，或自己生活中遭遇挫折和变故等，均会导致这一情绪的发生。

调节建议：

(1)与亲友分享感受。

找一位信得过的亲友，尤其是能够倾听你说话，但又不会审视或改变你的人，然后告诉他自己的感受。即便只是有人陪伴这样一个简单的事实，也能让你感觉好很多。如果找不到合适的人分享，你也可以将自己的感受写在日记里。

(2)留一段时间给自己。

接受自己伤心的现实，知道出现这种情绪不是错。

主动做一点工作或其他有意义的事情，同时留时间给自己去接受伤心的事实，觉得悲伤就悲伤，不要勉强自己。学会成为自己最好的朋友，用同情和爱意看待、关怀自己。

(3)不要过多联想。

伤心的时候要想想到底是什么事情令自己伤心，不要总是因为此时的不快而联想到过去的种种不易，这样下去，情绪会很难控制住。问题总会有解决的方法，要相信自己有解决问题的能力。而且，任何事物都有两面性，让我们伤心、悲痛的事同时也能促进我们心灵的成长。

(4)善待自己。

生活还要像平常一样保持规律性。保持自己身体的健康，锻炼、合理的饮食、休息，一样都不能少；还可做一些让自己开心的事，比如说买些新衣服给自己，找时间来一次旅行，去吃些平时不舍得吃的东西，改变一下自己的发型，让自己焕然一新，等等。

(5)不要封闭自己。

生活中痛苦总是难以避免的，在悲伤的时候，不要怨天尤人，也不要封闭自己。比如,当手机的铃声响起时,你知道有人在关心你;当有人对你微笑时,你知道自己是被人接纳和欣赏的……当你感觉到这些的时候,你的痛苦和悲伤也会减轻很多。

懊悔、自责——流行指数:★★★

懊悔、自责就是指事情过后,遗憾自己做错了事或说错了话,心里自恨不该这样的一种消极情绪。经常自责懊悔的人是相当痛苦的,它意味着要时常和自己做斗争,不断地自我批驳。当他处于这种内心冲突中时,除了要耗费很多精力去想,更会因为害怕再犯错而缩手缩脚,不敢去行动,严重的还会引起自卑、自贬的情绪。

调节建议:

(1)明白懊悔不能解决问题。

首先要知道一味地懊悔、自责根本解决不了问题,只会加重自己的心理负担。与其这样,不如把时间和精力放在如何补救上,尽量将可能的影响减至最小。

(2)对事件做一下总结。

自己分析总结一下,自己的言行是否的确有不当之处,并直接引起了不良的后果?如果有的话,可以把它作为教训,避免以后类似的事情发生。

(3)重新找回自信。

每个人都不能预料事情的结果,没有人能不犯错,即使眼前的事情令自己有些遗憾,你还是要看到自己身上所具备的优点和长处,找回自己的信心。

(4)把目光转向未来。

要为将来打算。写下自己一天、一周和一年内想做的事情,包括日常的家务,如清理房间、给宠物洗澡等,还有游玩、看电影等活动,当然,还有自己的工作和生活目标等。然后,把自己的心思转移到需要去完成的这些事上。

委屈、冤枉——流行指数：★★

委屈、冤枉是指受到不应该有的或者不公正的指责或待遇，感到自尊心受到了伤害，不被人理解，并为此心里难过、不舒畅。不喜欢的事情，但是必须要去做时，我们会感到委屈；自己被人欺负，却无力反抗时，我们也会感到委屈。

调节建议：

(1)表达自己的委屈。

向自己可以信赖的亲友发泄这种不快的情绪，寻求支持和安慰；如果觉得不便诉说，可以通过其他方式去表达，比如找个安静的地方大哭一场，去KTV大声唱出内心的感受，到一个空旷的地方大声喊几声，做自己喜欢的运动，出一身汗，等等。

(2)原谅别人，优待自己。

生命中有很多事是我们无力改变的，不是所有的付出都能得到回报。立场不同、所处环境不同的人，对同样的事情会有完全不同的看法和态度，所以我们要学会宽容。当然，在宽待别人的同时，也不要忘记善待自己。

(3)调整表达意见的方法。

及时调整心态，静静地想一想该怎么扭转局面。比如在职场中，可以选择在合适的时间和场合去表达自己，不要见人就抱怨，不要不分场合地去和领导、同事争执。要对事不对人，抱着解决问题的态度，同时要对别人表示必要的理解，最好还能提出相应的建设性意见，来弱化对方可能产生的不愉快。

自卑——流行指数：★★

自卑是指自我评价偏低，自愧无能而丧失自信，并伴有自怨自艾、悲观失望等情绪体验。自卑来源于心理上的一种消极的自我暗示,即"我不行"。长期被自卑情绪笼罩的人,一方面感到自己处处不如人,一方面又害怕别人瞧不起自己,逐渐就会形成敏感多疑、多愁善感、胆小孤僻等不良的个性特征。

调节建议:

(1)列出自己的优点。

多想想自己的长处和优点,可以用笔把它们一项项记下来;还要正视自己的缺点和不足,要知道,每个人都是不完美的。慢慢学会接纳自己、欣赏自己,多给自己一些鼓励,相信自己其实足够优秀。

(2)不拿短处和人比。

客观全面地看待事物、看待他人。任何事物都有积极的一面和消极的一面,不要总拿自己的短处与别人的优点去比较。

(3)踏踏实实做点事。

踏踏实实地去做自己有能力并且喜欢做的事,不断体验到成功的喜悦,会让你越来越自信,从而逐渐远离自卑。

5.面对负面情绪要理智

无论是哪种负面情绪,都是由具体的原因引起的。找到引起消极情绪的原因,对解决情绪问题帮助很大。

问问自己,是什么问题引起了自己的消极情绪?是不是因为工作压力太大?是不是因为人际关系没搞好?是不是因为经济出现了困难?可以把可能的原因都写下来,然后自我分析一下,找出哪种原因是最根本和作用最大的。找到问题所在之后,就要想办法解决问题。

出现消极情绪后，重要的是给情绪一个表达的机会。情绪得到表达，是最好的调节方式。但怎么表达情绪呢？以前曾一度流行通过发泄的方式来表达情绪，即使现在，在某些城市还存在"发泄吧"之类的场所，意在通过发泄的方式，比如摔东西、打橡皮人等，达到表达情绪的目的。但随着心理学研究的进展，人们发现这种方法效果并不理想，反倒有些负面的作用，比如，可能诱导当事人的攻击性等。最新的心理学研究结果推荐"冷却式"的情绪调节方法。也就是说，在遇到某种消极情绪时，要"冷却"一下，给自己留出一点时间，然后再考虑如何对待情绪、处理问题，比如，对自己说"睡一觉再说"，或者"等明天再处理吧"。这样"冷却"一段时间后，消极情绪常常可以得到更好的处理，甚至可以自然消失。

有些时候，情绪是由一些客观的、无法改变的因素引起的。这种情况下，不妨告诉自己，既然环境、事实、客观实际没法改变，不妨改变自己对这些问题的看法。这时，你可以先分析一下自己对问题本身的看法，分析一下自己的看法到底是否科学，是不是有更好的看法来代替，等等。可以把自己原来的看法和更科学的看法都写下来，这样便于分析。

面对消极情绪时，还有一些技巧可帮助你暂时把消极情绪扭转，使你避免受到伤害。不过，有些调节方法比较积极，可以起到治本之效；而有的方法比较消极，治标不治本。比如，你在某一方面失败了，不要老是挂念着失败，想一想自己在哪些方面还可以取得成绩，然后就向这些方面加以努力；当然，还可用意志去压抑不良情绪，告诉自己要坚强；或者用转移法，如失恋时，可以选择去旅游散心，也可以与朋友聊天倾诉。这些方法都是积极的。但很多人在遇到不良情绪时，会采取消极的应对方法，回避、否认存在的问题。比如，"吃不到葡萄说葡萄酸"的自我安慰，可以暂时缓解情绪，短时间内有保护作用；还比如，采取喝酒、猛抽烟、长时间上网或打游戏等方式逃避不良情绪。这些方式属于不健康的生活方式，如依赖它们来解决问题，只会把你从一个泥潭带进另一个泥潭。

出现消极情绪后，你可以把自己对情绪的反应写下来，看自己采取了哪些应对方式,是积极的还是消极的。如果是消极的,问问自己可以用哪些更积极的方式来取代它。

面对消极情绪时,你要理智,不要反应过于强烈。可以问问自己,这种消极的情绪对日常生活、学习、工作到底有没有造成影响?如果没有造成影响,则不必过于关注,可以顺其自然,没必要去特地处理。如果消极情绪持续1个星期以上,那就应该引起注意,可找专业的咨询师进行咨询。

6.高情商者善于管理消极情绪

上世纪90年代,心理学家提出了"情商"的概念。它不同于"智商",智商衡量的是一个人的智力水平,而情商表现的是一个人调节管理其情绪的能力。

研究表明,情商与智商有着同等重要的意义。情商越高,面对消极情绪时,自我的调节能力就越强。那么,如何培养情商呢?

这个问题并不简单,因为情商与从小是否接受过这方面的教育有关系。很多学校只注重教授知识,而不教学生心理调节能力,对情商的关注不够。其实,所谓的情商教育,也就是人们常说的挫折教育,教育人们如何对待人生,如何对待人生中遇到的挫折,如何对待生活中遇到的各种消极情绪。

高情商者善于从自省中找到属于自己的那一套消极情绪管理法。

"视网膜效应"——自省需要克服思维惯性

当我们自己拥有一件东西或一项特征时,我们就会比平常人更会注意到别人是否跟我们一样具备这种特征。这种现象在心理学上叫做"视网膜效应"。卡耐基先生很久以前就提出了一个论点，那就是每个人的特质中大约有80%是长处或优点，而20%左右是缺点。当一个人只知道自己的缺点是什么，而不知发掘优点时，"视网膜效应"就会促使这个人发现他身边也有许多人拥有类似的缺点，进而使得他的人际关系无法改善，生活也不快乐。

周恩来的纸镜子——自省需用心自我提醒

周恩来同志在南开学校读书的时候，在大立镜旁边糊了一张纸做的"镜子"。每天早晨、晚上，他总要到这面镜子前面照一照。很多同学感到奇怪，便跑去看了看，原来，纸镜上写着："面必净，发必理，衣必整，纽必结，头容正，肩容平，胸容宽，背容直，气象勿傲勿怠，颜色宜和宜静宜庄。"周恩来同志一生待人处世，都是把这些话作为自己的一面镜子。

唐太宗的"戒奢屏"——下属应时时劝诫上级

贞观13年，唐太宗渐渐露出了"颇好奢纵"的苗头。被他誉为"可以明得失"的一面镜子的魏征，专门上了一本《十渐不克终疏》奏疏，唐太宗"反复研导，深觉词强理直，遂列为屏障"。这一写有魏征奏疏全文的"戒奢屏"，唐太宗"朝夕瞻仰"，时刻提醒自己"闻过能改，庶几克终善事"。

托尔斯泰反省缺点——自省使人从逆境中走出

列夫·托尔斯泰15岁读大学文科班时，曾经接连两个学年考试不及格，无法毕业，只得退学回家。但他没有因此沉沦，而是认真思索、反省，把自己的各种缺点详细地写在日记本上，随时对照检查。从此，他的生活发生了很大的转变。

课桌上的"早"字——要善于用失败经验提醒自己

鲁迅有一天上学迟到了，十分难过，决意以后要早点。为了时刻提醒自己，他在桌子上面刻了一个"早"字。这个"早"字刻得方方正正，每一笔都刻得深深的。由于有了"警钟"，鲁迅以后一直没有迟到过。

诸葛亮自降三级——善于自省才有威信

三国时，蜀国与魏国在街亭作战，诸葛亮派马谡为先锋。没料到马谡违背诸葛亮的作战部署,致使蜀军大败。诸葛亮将马谡下狱以明军纪,并上书君王,引咎自责,说:"我以弱小的才能,受到君主的信任,得以统帅三军,由于我治军法度不严明,做事不够谨慎,出现了街亭失守的败局。这个责任,在我用人不当、知人不够,所以我情愿降三级以记住这个教训。"

曾子一日三省——自省使人不断进步

据《论语》记载,曾子曾说:"吾日三省吾身——为人谋而不忠乎?与朋友交而不信乎?传不习乎?"

曾子是孔子的学生,他这句话的意思是:"我每天都要多次自我反省:替别人谋划事情,尽了心没有?与朋友交往,有没有不诚实的地方?老师传授的知识有没有实践?"

这句话表明了反省对于个人进步的重要作用。我们在生活中总是难免会有这样那样的缺点,但是,如果我们能像曾子这样经常审视自己的行为,思想,防微杜渐,不断纠正自己的错误,克服自己的缺点,久而久之,一些不良的习惯以及性格中的某些弱点、缺点就能及时清除掉,同时,也能在自己的思想和行为中形成良好的修养,从而确保自己健康成长。

7.情绪测试:你是否经常受情绪的影响?

(1)看到自己最近一次拍的照片,你有何想法?

A.觉得不称心

B.觉得很好

C.觉得可以

(2)你是否想到若干年后会有什么使自己极为不安的事？

A.经常想到

B.从来没有想过

C.偶尔想到过

(3)你是否被朋友、同事或同学起过绰号，挖苦过？

A.常有的事

B.从来没有

C.偶尔有过

(4)上床以后，你是否经常再起来一次，看看门窗、厕所的灯关好没有？

A.经常如此

B.从不如此

C.偶尔如此

(5)你对与你关系最密切的人是否满意？

A.不满意

B.非常满意

C.基本满意

(6)半夜的时候，你是否经常有觉得害怕的事？

A.经常

B.从来没有

C.偶尔有这种情况

(7)你是否经常因梦见什么可怕的事而惊醒？

A.经常

B.没有

C.偶尔

(8)你是否曾经有多次做同一个梦的情况？

A.有

B.没有

C.记不清

(9)有没有一种食物使你吃后呕吐？

A.有

B.没有

C.不清楚

(10)除去看见的世界,你心里有没有另外的世界？

A.有

B.没有

C.记不清

(11)你是否时常觉得不是现在的父母所生？

A.时常

B.没有

C.偶尔有

(12)你是否觉得有人爱你或尊重你？

A.是

B.否

C.说不清

(13)你是否常常觉得你的家庭对你不好,但是你其实清楚他们的确对你很好？

A.是

B.否

C.偶尔

(14)你是否觉得没有80%了解你的人？

A.是

B.否

C.说不清楚

(15)你在早晨起来的时候最经常的感觉是什么？

A.忧郁

B.快乐

C.讲不清楚

(16)每到秋天,你的感觉是什么?

A.秋雨霏霏或枯叶遍地

B.秋高气爽或艳阳天

C.不清楚

(17)你在高处的时候,是否觉得站不稳?

A.是

B.否

C.有时是这样

(18)你平时是否觉得自己很强健?

A.是

B.否

C.不清楚

(19)你是否一回家就立刻把房门关上?

A.是

B.否

C.不清楚

(20)坐在小房间里把门关上后,你是否觉得心里不安?

A.是

B.否

C.偶尔

(21)当一件事需要你做决定时,你是否觉得很困难?

A.是

B.否

C.偶尔

(22)你是否常常用抛硬币、翻纸牌、抽签之类的游戏来测吉凶？

A.是

B.否

C.偶尔

(23)你是否常常因为碰到东西而跌倒？

A.是

B.否

C.偶尔

(24)你是否需要一个多小时才能入睡，或醒得比你希望的早一个小时？

A.经常这样

B.从不这样

C.偶尔这样

(25)你是否曾看到、听到或感觉到别人觉察不到的东西？

A.经常这样

B.从不这样

C.偶尔这样

(26)你是否觉得自己有超乎常人的能力？

A.是

B.否

C.不清楚

(27)你是否曾经觉得因有人跟着你走而心里不安？

A.是

B.否

C.不清楚

(28)你是否觉得有人在注意你的言行？

A.是

B.否

C.不清楚

(29)一个人走夜路时,是否觉得前面暗藏着危险?

A.是

B.否

C.偶尔

(30)你对别人自杀有什么想法?

A.可以理解

B.不可思议

C.不清楚

以上各题的答案,选A得2分,选B得0分,选C得1分。把你的得分加起来,算出总分。

总分越少,说明你的情绪越稳定,反之越差。

结果分析

总分0~20分:你的情绪稳定,自信心强,能面对现实,具有较强的道德感、美感和理智感,有较强的情绪自控能力,社会适应能力较好,能理解周围人的心情。你一定是个性情爽朗、受人欢迎的人。

总分21~40分:你的情绪基本稳定,能沉着应对生活中出现的一般问题,但因为对事情的考虑过于冷静、淡漠和消极,所以常常不善于发挥自己的个性,使自信心受到压抑,办事热情忽高忽低,易瞻前顾后、踌躇不前。

总分41分以上:你的情绪极不稳定,不容易应付生活中的挫折,容易冲动,感到日常烦恼多,使自己的心情处于紧张和矛盾之中。

如果你的得分在50分以上,则是一个危险信号,你最好去做心理咨询或去看心理医生。

第 二 章

调整心态

——换个角度看情绪

1.没有你的允许,没有人能影响你的情绪

跟朋友约会,他迟到了半个小时。在这个情境之中,有的人会非常生气:他怎么可以迟到?有的人则是非常担心:他会不会出了什么事?也有人会想,他迟到一定是有不得已的原因,从而产生体谅的感觉。

我们所有的情绪,其实都是我们诠释事件之后的主动决定。

了解情绪的秘密有个天大的好处,那就是:我们会从现在开始为自己的情绪负责任,而不是把情绪的责任丢给别人。把情绪的责任丢给别人会造成一个致命的伤害:我们会期望改变别人,之后才能够改变自己;我们会总是觉得只有别人改变了对我们的态度,我们才能从此变得幸福。但事实是,别人用什么态度对待我们,我们无法掌控,这样我们就会有挫折感,觉得很沮丧,最后产生抑郁跟绝望的情绪状态。

"今天你会快乐吗?"许多人一听到这个问题,心中的第一个念头是:

"那得看状况。"

看什么状况呢？要看今天遇上的人是否令人喜欢，今天发生的事是否让人如意，这才能决定今天的心情是否开心吗？

换句话说，今天的际遇，会决定今天的心情。

事实上，真正的情商高手会毫不犹豫地回答："当然会！"而这份坚决来自于他们所共同享有的一个秘密："全世界唯一要为我们情绪负责的只有一个人，那就是自己。"

听起来很不可思议，心情怎么会跟别人无关呢？要不是他老对我无故大吼，我怎么会伤心？要不是客户发飙无理取闹，我怎么会生气？如果"另一半"没有彻夜不归，我怎么会担心？

这许许多多的心情，看来都跟别人对待我们的方式大大有关，是吗？

举个例子，随便找个人，请他起立站着，然后要求大伙儿一块儿动脑子想些方法，目的是要在30秒内刺激这个人。于是，答案不断从周围人的嘴里蹦出来："动手揍他！""骂他猪头！""对他动手动脚！""把他的车子砸毁！"

……想法极富创意，不胜枚举。

要让一个人生气其实易如反掌，只要有心，任何一个人都可能在几秒钟之内让你暴跳如雷。

只有一个例外。

如果身为当事人的你今早出门时，确切地下定了快乐的决心，告诉自己不论今天发生什么事，遇到如何不堪的际遇，都不会动摇自己快乐的心境，那么，别人的举止就无法对你产生负面的伤害。

有一位青年脾气暴躁，经常和别人吵架，因此大家都不喜欢他。

有一天，这位青年无意中走到了大德寺，碰巧听到一位禅师在说法。他听完后不能参透，于是留下来问禅师："什么是忍辱？难道别人朝我脸上吐口水，我也只能忍耐着擦去，默默地承受？"

禅师听了青年的话笑着说:"哎,何必擦呢? 就让口水自己干吧。"

青年听后,有些惊讶,又问禅师:"那怎么可能呢? 为什么要选择忍受呢?"

禅师说:"这谈不上什么忍受,你就把口水当作蚊子之类的东西,不值得为此大动干戈,微笑着接受就行了!"

青年问:"如果对方不吐口水而是用拳头打过来,那该怎么办呢?"

禅师回答:"这不是一样吗? 不要太在意,这只不过是一个拳头而已。"

青年认为禅师实在是胡说八道,终于忍耐不住,举起拳头,向禅师的头上打去,并喝道:"和尚,现在怎么样?"

禅师非常关切地问:"我的头硬得像石头,并没有什么感觉,但是你的手大概痛了吧?"

青年愣在那里,忽然心有所悟。

面对青年的暴行,禅师毫不放在心上,辱又从何而来。

不要因为外界的变化引起内心的起伏。当我们修炼好了内心,让内心足够强大,就没有事情能让自己生气。不会生气,"辱"又从何来?

所以,快乐是一种决心,只要你下定这份决心,就能掌握住情绪的主控权,而不至于在琐碎的生活事件中,糊涂地将心情的决定权拱手让给别人,并让周遭的人来决定自己情绪的基调。

有人说:"开心是一天,不开心也是一天,为何不开心地过呢?"其中的道理就在于此。

更何况,真正决定我们情绪的,不是发生了什么事,而是我们对这些事情所做的诠释。

例如,面对他人的辱骂"你是猪头",如果我们认为"他就是看我不顺眼,这是恶意中伤",那当然就会愤怒不已;然而,如果你把它解释为"他今天心情不好,出口重了,但不是冲着我来的",不但不会生气,反而会替他担心;而如果你的想法是:"这代表他很不喜欢我的做法,太好了,如果保守的他不赞成,就表示我做对了!"这时,你的反应就是暗自高兴。

可见,"你让我情绪不好"这句话是有谬误的。聪明的人,会为自己的情绪负责任——如果我因为你对我的态度而生气了,那是因为我决定要生气;如果我因为你对我的方式而伤心,那是因为我决定要伤心。当情绪的主人翁是自己的时候,你会发现,外界造成的一些不愉快其实不算什么。

下次因情绪起伏而失去幸福感受时,请别忘了提醒自己,情绪是由"自己"决定的。

2.给情绪安三道防火墙

保持冷静,是人们在情绪管理方面最重要的功课之一。

一天,陆军部长斯坦顿来到林肯办公室,气呼呼地对他说一位少将用侮辱的话指责他偏袒一些人。林肯建议斯坦顿写一封内容尖刻的信回敬那名少将。

"可以狠狠地骂他一顿。"林肯说。

斯坦顿立刻写了一封措辞强烈的信,然后拿给林肯看。

"对了,对了。"林肯高声叫好,"要的就是这个! 好好训他一顿,真写绝了,斯坦顿。"

但是当斯坦顿把信叠好,准备装进信封里时,林肯却叫住了他:"你要干什么?"

"寄出去呀。"斯坦顿有些摸不着头脑。

"不要胡闹。"林肯大声说,"这封信不能发,快把它扔到炉子里去。凡是生气时写的信,我都是这么处理的。这封信写得好,写的时候你已经解了气,现在感觉好多了吧,那么就请你把它烧掉,再写第二封信吧。"

林肯总统的做法,是给自己安上个"防火墙"。心理学家认为,在情绪激动时,至少有三个重要的关键点可以努力,只要掌握得当,你就能熄灭自己的怒火,让自己冷静下来。

心理学家把它称为"冷静的三道防火墙",一起来看看该怎么做吧!

冷静防火墙一——"想法灭火"

你会心生不满,是因为你对身处的状况做出了不利于自己的评价。例如:"他迟到那么久,根本就是不在乎我!""他是故意伤害我的感情!"这么一想,你当然会怒不可遏,心中感到忿忿不平。

在这个"动念发火"的当下,只要能多一分自我觉察的功力,在心中跟自己辩论:"且慢,这个解释真的是唯一正确的答案吗?"你心中就会产生其他的想法来做解释:"也许他是不得已才迟到的!""恐怕是我错怪了他!"这样,就成功地发挥了第一道防火墙的灭火功能,而不至于失去理智。

要建筑坚固有力的"防火墙",你必须拥有良好的自我觉察能力,具备同理心和善意解读世界的能力。

冷静防火墙二——"冲动灭火"

万一第一道防火墙被突破,你没来得及拦截住心中负面的情绪,这时就会产生一些想冲动的念头:"我就要给你点颜色瞧瞧!""我豁出去了,不让你难受,我誓不罢休!"无数事实告诉我们,即使再温柔和善的情商高手,也曾有过不理性的冲动念头:"我真想打人!"

这个蠢蠢欲动的当下,如果灭火得宜,就能避免悲剧的产生。怎么做呢?建议你跟自己的心喊话:"再等一下就好。"然后开始进行"数数法",在心里如此默数:"1、4、7、10、13……"以此活络大脑的理性中枢,这样,其他的理性想法就能跟着出现："等等,这么做并不能真正解决问题。"就此悬崖勒马,不致冲动行事。

冷静防火墙三——"行动灭火"

万一前两道防火墙都失效了,你开始恶言恶语,甚至动手动脚起来,这时虽然已经开始非理性的行动,但只要不放弃,你仍然有希望能够冷静下来。例如,一旦意识到自己言行失态,就要考虑到自己的格调(这实在不像我),以及对方所受的身心创伤,这样就能立即停止动作,避免造成更进一步的伤害,使你逐渐冷静下来。

只要你能做好情绪的消防检查,了解自己哪一道防火墙仍有待加强,多加练习之后,就能为激情灭火,从而冷静下来。

另外,还有一些方法,可以平衡一下心情的酸碱值。

(1)藏心事要顾及体内容量。

有人总是将委屈往肚里吞,却不知清除体内早就过时或已经不在乎的旧烦恼。有时候新愁一上心头,连旧恨也跟着牵肠挂肚,越是收藏心事,就越是不快乐。

何不学习一下计算机系统清除垃圾档案的功能?气头上的烦恼稍稍炒作就可,褪了色之后,就让它们烟消云散吧!找一只心灵的资源回收桶,训练一下善于遗忘的本领,人生没必要让苦闷永远保鲜,只要记得伤心当下的凄美就可。至于心事,保存期限过后,就扔了吧!

(2)号召一群分割坏情绪的分母。

不爽的时候,就大声说出来!那种感觉,很像奔跑在通往蔚蓝海岸的路上,沿路甩开讨厌的人、事、物,嘶吼着一种快意的狂笑,瞬间就可以让你在情绪的磁场上取得漂亮的反击。

假设坏情绪是一份发臭的奶酪,自己独自吞食,只会惹得你恶心外加下痢呕吐,如果能找到一群分母,将发臭的奶酪切割成几小块让它们带走,如此,发臭的奶酪就没机会进到肚子里惹得肠胃不适了。

(3)给坏情绪找一个出口。

给坏情绪找一个出口,一个不妨碍别人的出口,让它赶快溜走,而且走得越远越好,否则愈积愈多,我们就会慢慢被它压垮。而它一旦占领我们全身,我们就会在不堪重负之下匆忙给它一个出口,一个方向对准我们亲人朋友的出口,结果是伤了别人也悔了自己,一点坏情绪污染了一批人的天空。

3.把镜子对着自己——学会让自己的情绪转向

大多数成功者,都是能够把情绪控制得收放自如的人。这时,情绪已经不仅仅是一种感情的表达,更是一种生存智慧。如果控制不住自己的情绪,太过随心所欲,就可能带来毁灭性的灾难;情绪控制得好,则可以帮我们化险为夷,甚至获得意想不到的好处。

很多时候,那些让我们生气的理由回头再想想,其实根本不值得,甚至发完脾气后,我们常常会忘了自己为什么不高兴。

有一个叫爱地巴的人,每次和人发生争执的时候,都会以很快的速度跑回家,绕着自己的房子跑上两圈,然后坐在地上喘气。

因为工作非常勤劳努力,所以爱地巴的房子越来越大,土地也越来越广。

但不管房子和土地有多大,只要与人争论而生气的时候,他就会绕着房子跑两圈。

"爱地巴为什么每次生气都绕着房子跑两圈呢?"所有认识他的人心里都感到疑惑,但是不管怎么问,爱地巴都不愿意明说。

直到有一天,爱地巴很老了,而他的房子和土地实在太大了,他生了气,拄着拐杖艰难地绕着房子转,等他好不容易走完两圈,太阳已经下山了,爱地巴独自坐在地上喘气。

他的孙子在身边恳求他:"阿公!您已经这么大年纪了,这附近地区也没有其他人的土地比您的更广,您不能再像从前那样,一生气就绕着房子跑了。还有,您可不可以告诉我为什么要这么做啊?"

这时,爱地巴终于说出了隐藏在心里多年的秘密。他说:"年轻的时候,我一和人吵架、争论、生气,就绕着房子跑两圈,边跑边想自己的房子这么小,土地这么少,哪有时间去和人生气呢?一想到这里,我的气就消了,并把所有的时间都用来努力工作。"

孙子问道:"阿公!您年老了,又变成了最富有的人,为什么还要绕着房子和土地跑呢?"

爱地巴笑着说:"我现在还是会生气,生气时绕着房子跑两圈,边跑边想:自己的房子这么大,土地这么多,又何必和人计较呢?一想到这里,气就消了。"

产生负面情绪的时候,你要做的不是把责任推给别人,而是要把镜子转向自己,看看自己的心智模式有哪些不妥的地方。只有不断地"照镜子",你才能更清晰地认知自己,认清自己的优缺长短,从而让自己扬长避短,将自己的潜能发挥得更为出色,更为淋漓尽致。

那么,具体而言,我们应该如何"照镜子"呢?

首先,要对自己的情绪做出准确定位。

一般,我们在进行情绪定位时,有四种类型可供参考:超越情绪、成就情绪、系统情绪与问题情绪。

(1)超越情绪。

处于此种情绪的人立志高远,能够成就大业。他们凡事立足于自己,不强调客观理由,不抱怨外在环境,对个人的利益和别人的偏见可以轻松面对,不以物喜,不以己悲;注重外在形象和语言,与人友好沟通,给人轻松无压力的感觉,时刻彰显着崇高的人格魅力。

(2)成就情绪。

成就情绪来源于受到轻视后决心奋发努力取得成就。如果我们能够正面利用主体的负面情绪,而不是在负面情绪中不能自拔,这份情绪就能使个人获得提升。以从事销售业务的销售员为例,在受到客户拒绝的负面情绪与压力时正面激励自己,往往能最终取得客户信任,签下订单。

(3)系统情绪。

处于这一类型情绪的人,对周围的一切事务感到担忧,替别人着急,而且不尊重个体的差异,凡事以自我的标准来衡量一切。

(4)问题情绪。

问题情绪是对别人的批评感到气愤、责怪,不思改进而最终失败,使人停留现状,不能突破。拥有此种情绪的人,在人际交往过程中总是关注别人的缺点,导致交际与沟通多有不畅;由于自我的力量不足,总爱挑剔别人的问题,传播别人的失误;往往以受害者自居,希望别人能主动关注自己。

根据上述分类,我们可以对自己的情绪做出定位,并找出所要提升的定位区域。

其次,找到正确表达情绪的方式。

情绪的表达方式对情绪的最终改善结果有着直接影响。只有正确表达,才能使他人理解,使自我压力得到释放。人们表达情绪的方式一般有以下三种:

冷战——这是情绪压力最残酷的表达方式。由于单方面承受情绪,不与他人沟通交流,长期处于压抑状态,最终导致身体病变,引起精神方面的疾病。

发泄——不顾忌环境与后果,将情绪原原本本地表现出来,容易给他人造成压力,在组织内部形成矛盾。在日常生活与工作中,这是典型的"先情绪后事情"的表现。

表达——以不给对方压力的方式，表达自己情绪是喜是怒，让对方知道错而给他改正错误和成长的权利，也就是所谓的"先事情后情绪"的做法。这正是我们所提倡的正确表达方式。

4.情绪的几种自我干预形式

自我干预是对个体的情绪最直接而有效的管理方式。由于情绪是时时波动的，等待外部支持需要一定的周期，而内心的改变则全然操纵于自我。

情绪的自我干预主要表现为以下几种形式：

语言——在情绪波动中给予自己正面的、积极肯定的语言，进行自我激励。同时对自己进行时间限定，以最短的时间与负面情绪告别。

动作——适时抬头，调整站姿和深呼吸对调整和改变情绪是有帮助的。

颜色——看喜欢的颜色和光亮，让情绪得以释放。

环境——与大自然或是适宜的环境，或是正面积极的朋友们在一起。

具体来说，可以从下面几个方面来进行自我干预，最终实现行为的改变。

(1)我选择。

人们都有自信与不自信两个空间，比方说，我们在跟小朋友讲话时是不紧张的，这时我们选择了自信的空间；而跟身份地位比较高的人讲话，我们就有可能会紧张，因为这时的我们选择了不自信的空间。同样，我们对同一件事情也有生气和不生气的两个空间，这里就有一个情绪选择的问题。由于情绪的产生是依靠主体的判断标准进行识别的,而标准又是个人自己掌控的,显然情绪也可以通过此过程进行选择。

由此可见,一个优秀的情绪管理者,必须可以在很短的时间内做出正确的情绪选择。

"我选择"是情绪管理中一个伟大的词汇。既然情绪是依靠自我的标准进行判断,当你可以选择更乐观、更开放的情绪时,为什么要选择愁苦、愤懑的情绪呢?

(2)我爱我自己。

爱是最伟大的力量,通过自我情绪的选择,我们知道选择不爱自己的空间就是选择了恐惧的空间、进攻性的空间、伤心的空间、愤怒的空间等;而选择爱自己的空间就拥有了信任的空间、理解的空间、尊重的空间、感恩的空间等。

在自我情绪管理中,"爱自己"是最有力的方式。通过"爱自己"的方式来改善自己的情绪,我们给予以下建议:

1)不要宣讲领导与同事之间的过节。

2)相信每一个人都希望更好。

3)不去强化自己或别人的缺点。

4)在生活中不要随便显露你的情绪。

5)不要逢人便诉说你的困难与遭遇。

6)不要一有机会就唠叨你的不满。

7)永远不要去写自己的伤感日记。

8)说话不要慌乱,走路要稳。

9)做任何事情都要有条不紊。

10)用心做任何事情,因为有人在关注你。

11)不要用缺乏自信的词句。

12)不要常常反悔,对已经决定的事不可轻易地推翻。

13)每天做一件实事。

14)事情不顺时，深呼吸，重新寻找突破口。

15)不要刻意地把朋友变成对手。

16)对别人的小过失、小错误不要斤斤计较。

17)不要有权力的傲慢及知识的偏见。

18)做不到的事情不要说，说了就要努力做到。

19)不玩弄小聪明，这是向错误的过渡。

(3)学会面对坏情绪的自己。

我们最大的敌人，往往是我们自己，所以，只有学会了帮助自己，才能去感受真正的幸福。

1)当有负面情绪(生气、悲伤、郁闷、烦燥)等不舒服的感受时，你要能觉察到，然后告诉自己："哦，原来这就是负面情绪。"这时候，最重要的就是把注意力放在自己的内在，而不是放在那个引起你负面情绪的人和事物上。

2)先观察一下自己此刻的肢体动作是什么。把注意力放在自己的身体上面，可以让你不至于完全陷入自己的情绪冲突中。

3)接下来试着去看见你在想什么，就是去观察自己的思想。如果你能够倾听那个内在喋喋不休的声音，你就是在观察自己的思想。这时候，请你带着觉知和爱去观照它。它只是一个思想，不代表你，不用去认同它，也不需要去批判它，只是看着它就可以了。

4)你此刻有什么情绪？如何观照情绪？有些人连自己生气了都不知道。其实，观察情绪最简单的方法就是去观察你的身体，因为情绪其实就是身体对你思想的一个反应，只不过有的时候你还没有觉察到思想，情绪就起来了。感觉你的身体哪里紧绷？胃部是否有不舒服的感觉？心是否紧绷或抽痛？身体是否颤抖？这些都是情绪在你身上作用的结果。

观察它，观照它，允许它的存在，全然地去经历它，不要抗拒。你会发现，你的全然接纳和经历，会让它更快消失，甚至转化为喜悦。

5.管理心态的几种法则

(1)明白做人,踏实做事。

一个人如果自己做人不明不白,必定会在稀里糊涂中受罪。只有明明白白做人,才能吃得下、睡得好,才会"夜半不怕鬼叫门"。所以,"明明白白做人,踏踏实实做事"应该作为我们人生的座右铭。

不义的钱财再多,也不要眼红,否则会是自己亡身的祸根;无道的权势再大,也不要觊觎,否则会落个身败名裂的结局;不当的名誉再好,也不要贪占,否则会得个自取其辱的结果。

一心做事,莫问未来的结果,这样,你才不会分散精力。

清白让人心安,踏实让人快乐。自己没有好的名望,又不刻苦努力,却一心企求成功的果实,这只是痴人的一场梦。

(2)真实做人,厚道是福。

"真者,精诚之致也。"人贵于真实,恶于虚伪,因为诚实是人的最高品德。真实的人,言行一致,老少无欺,能大公无私,并可在事业上委以重任;不真实的人,言行不一,瞒上欺下,善于矫饰,每每以私为先,损公利己,绝不能委以重任,否则会对事业造成极大的损害。

诚实是做人处事的基本原则。没有诚实作为根本,为人处世就没有基础。《左传》上说:"失信不立。"没有任何信誉的人,是没有人缘的。言不发自内心,纵然悦耳动听,终归也是谎言。巧言令色,只能哄骗一时;诚信做人,才能受益一世。

(3)办事圆满,得失宽平。

做事时,必须有"事情必须办得圆满,得失必须放得宽平"的良好心态。事情办得圆满,才有成功的可能,生命才能闪光;得失看得宽平,才能心无杂念,人生才会快乐。

一个人如果凡事粗糙应付、得过且过,等待他的必定是失败的结局。

凡事糊弄自己,等于无知地残杀自己;凡事斤斤计较、损人利己,等于自绝后路;凡事算计别人,等于愚昧地孤立自己。假如一个人能真正感悟到"认真办事,大度处世"的重要性,他的人生之路必将越走越宽广,生命之花也会越开越艳丽,生活之悟越思越清晰。

(4)吃亏是福。

小时候,也许每个人都有帮老师分苹果的经历,当时,很多人会选择把最好的分给别人,而把最小的留给自己。可是随着年岁的增长,长大的我们却没有坚持这个美好的传统。为什么?因为许多人唯恐自己吃亏,让别人占了便宜。

其实,吃亏是福。总是处处占人便宜,时时得人好处,表面上看是尝到了一点甜头,实际却丢失了人格,增加了危险。占小便宜会让你背负恶名,身陷困境,寸步难行;相反,吃一时之亏却能为你赢得他人的尊重,为你的未来赢得朋友和资本。

(5)平等待人,不做"势利眼"。

有一个老者穿着非常简朴,他来到一个茶馆喝茶,店主只是淡淡地招呼:"坐,茶。"

隔了几天,那个老者穿戴讲究,又去茶馆喝茶。这次店主十分热情,大声说:"请坐,泡茶。"

又隔了几天,老者衣着华贵,还带了随从来茶馆喝茶。店主恭敬又热情,亲自招待:"请上坐,泡好茶。"

临走时,店主请老者留下墨宝。老者写道:"坐,请坐,请上坐;茶,泡茶,泡好茶。"店主羞得无地自容。

平等待人是现代人的基本素质,这不仅体现了你对别人的尊重,也是你自身高尚人格的表现。

(6)正人先正己,律人先律己。

托尔斯泰认为:要让所有人都做得好,首先必须自己做好;要求别人做到的,自己必须首先做到。言传不如身教,说教再多,也没有实际行动来得有说服力。

自律是优秀人格的基石,也是有品格之人的基本素质。能够自律的人总是说到做到,遵守诺言。他们不但自律,而且懂得关怀他人,所以能得到他人的信赖和尊重。

其实,自律和其他人格特质一样,也是一种良好的习惯。我们要从今天开始,下定决心,培养自己的自律习惯。

(7)细节决定成败。

能够做成大事情的人,首先是从做小事情开始的。如果能把小事办好,大事自然就能顺利地做下去。每一个工作都是由许多细节组成的,忽略任何一部分,都会在日后造成大问题。

老子说:"天下大事,必做于细。"想要成就一番大事业,就必须从细微处入手。只有细节做好了,事情才能完美。历史上许多失败的事例和教训,都缘于对细节的疏忽。

(8)满招损,谦受益。

过分的自我感觉良好实际上是一种无知,它虽能带来傻瓜般的幸福感,让人得一时之快,却也会导致无穷无尽的后患。自满自得是愚蠢的表现,因为只有当一个人不能发现和欣赏别人的美德时,才会陶醉于自己的平庸,到处吹嘘自己的"才干"。

真正有能力的人不必吹嘘自己的成就,因为他的行动可以表达一切,这比"光说不做"更能赢得别人的钦佩。

(9)享受生活,而不是享受权力。

人生的美好是因为享受生活,而不是享受权力、金钱等东西。生活使人充实,享受生活能够使你感觉每一天都是如此赏心悦目,生命永远是灿烂的、幸福的和快乐的;权力、金钱等东西也许会给你带来一时的欢娱,但也会让人感到空虚,使你感觉每一天都是如此痛苦不堪,生命永远是烦躁的、无聊的,甚至是灰暗的。

事实上，权力无法给你带来享受，它与责任挂钩，肆意滥用权力是要付出沉重代价的。只有无知、愚昧的人才会去琢磨如何享受权力，而后利用手中的权力去享受金钱，其结果往往是身陷囹圄，什么都享受不了。

人生中值得追求的目标有许多，权力和金钱并非生活的主体。为了追求权力并且贪婪地享受，往往会走上一条不归路。

6.放下烦恼和忧愁，生活原来可以如此简单

很久以前，有一群印第安人被白人追赶，他们的处境十分危险。由于情况危急，酋长便把所有的族人召集起来谈话。他说："有些事我必须告知大家，我这里有一个好消息，也有一个坏消息。"

族人中立刻起了一阵骚动。酋长说："首先，我要告诉你们坏消息。"所有的人都紧张地站着，神色惶恐地等待着酋长的话。

他说："除了水牛的饲料以外，我们已经没有什么东西可吃了。"酋长刚说完，大家便开始你一言我一语地谈论起来，到处都是"可怕啊"、"我们可怎么办"的声音。

突然，一个勇敢的人发问了："那么，好消息又是什么呢？"

酋长回答："那就是我们还存有很多的水牛饲料。"

同样的一件事情，悲观的人只看到不利的一面，乐观的人看到的却是有利的一面。不同心态，呈现出的世界完全不同，呈现出的人生道路也就有了不同。

一位满脸愁容的生意人来到智慧老人的面前。

"先生,我急需您的帮助。虽然我很富有,但人人都对我横眉冷对。生活真像一场充满尔虞我诈的厮杀。"

"那你就停止厮杀呗。"老人回答他。

生意人对这样的告诫感到无所适从,他带着失望离开了老人。在接下来的几个月里,他情绪变得糟糕透了,与身边每一个人争吵斗殴,由此结下了不少冤家。一年以后,他感到心力交瘁,再也无力与人一争长短。

"哎,先生,现在我不想跟别人斗了。但是,生活还是如此沉重,它真是一副重重的担子呀。"

"那你就把担子卸掉呗。"老人回答。

生意人对这样的回答很气愤,怒气冲冲地走了。在接下来的一年当中,他的生意遭遇了挫折,并最终赔光了所有的家当,妻子也带着孩子离他而去,他变得一贫如洗、孤立无援。于是,他再一次向智慧老人讨教。

"先生,我现在已经两手空空、一无所有,生活里只剩下了悲伤。"

"那就不要悲伤呗。"生意人似乎已经预料到会有这样的回答,这一次,他既没有失望也没有生气,而是选择待在老人居住的那座山的一个角落。

有一天,他突然悲从中来,伤心地嚎啕大哭起来——几天、几个星期,乃至几个月地流泪。

最后,他的眼泪哭干了。他抬起头,早晨温煦的阳光正普照着大地,他又来到了老人那里。

"先生,生活到底是什么呢?"

老人抬头看了看天,微笑着回答道:"一觉醒来又是新的一天,你没看见那每日都照常升起的太阳吗?"

生活到底是沉重的还是轻松的,全依赖于我们怎么去看待它。生活中会遇到各种烦恼,如果你摆脱不了它,它就会如影随形地跟在你左右,这时的生活于你而言就是一副沉重的担子;如果你能领悟"一觉醒来又是新的一天，太阳不是每日都照常升起吗"这句话的深意，放下烦恼和忧愁，你就会发现，生活原来可以如此简单。

有一少妇投河自尽，被正在河中划船的船夫救起。船夫问："你年纪轻轻，为何自寻短见？"

"我结婚才两年，丈夫就抛弃了我，接着孩子又病死了。我活着还有什么意思？"

船夫听了，想了一会儿，说："两年前，你是怎样过日子的？"

少妇说："那时的我自由自在，没有任何烦恼……"

"那时你有丈夫和孩子吗？"

"没有。"

"那么，你不过是被命运之船送回了两年前。现在，你重新获得了自由自在、没有任何烦恼的生活，你还有什么想不开的呢？请上岸去吧……"

听了船夫的话，少妇想了想，心中豁然开朗。从此，她没有再寻短见，因为她从另一个角度看到了希望的曙光。

有位哲人曾说："我们的痛苦不是问题的本身带来的，而是产生自我们对这些问题的看法。"这句话很经典，它引导我们学会解脱，而解脱的最好方式是面对不同的情况，用不同的思路去多角度地分析问题。因为事物都是多面性的，视角不同，所得的结果就不同。

记住，要解决一切困难是一个美丽的梦想，但任何一个困难都是可以解决的。转换看问题的视角，就是不能用一种方式去看所有的问题和问题的所有方面。如果那样，你肯定会钻进一个死胡同，离问题的解决方法越来越远，处在混乱的矛盾中而不能自拔。

一个对生活极度厌倦的绝望少女，打算以投湖的方式自杀。在湖边，她遇到了一位正在写生的画家，画家正专心致志地画着一幅画。少女厌恶极了,她鄙薄地瞟了画家一眼,心想:幼稚,那鬼一样狰狞的山有什么好画的! 那坟场一样荒废的湖有什么好画的!

画家似乎注意到了少女的存在和情绪,但他依然专心致志、神情怡然地画着。过了一会儿,他说:"姑娘,来看看画吧。"

少女走过去,傲慢地睨视着画家和画家手里的画。只看了一眼,少女便被画吸引住了,仿佛全然忘了自己准备自杀的事。她从没发现世界上还有那样美丽的画面——画家将"坟场一样"的湖面画成了天上的宫殿,将"鬼一样狰狞"的山画成了美丽的、长着翅膀的女人,最后将这幅画命名为"生活"。

看着这幅画,少女感觉自己的身体在变轻,在飘浮,她感到自己就是那袅袅婀娜的云……

良久,画家突然挥笔在这幅美丽的画上点了一些麻乱的黑点,似污泥,又像蚊蝇。

少女惊喜地说:"星辰和花瓣!"

画家满意地笑了:"是啊,美丽的生活是需要我们自己用心发现的!"

生活的美与丑,全在我们自己怎么看。如果你能将心中的烦恼和阴暗面彻底放下,然后选择一种积极的心态,用心去体会生活,你就会发现,生活处处都美丽动人。

第三章

摆正心态

——用全新的情绪正能量丰沛生命

1.把本能的嫉妒转化为进取的动力

如果你觉得别人比你好,比你出色,那你就加把劲赶上去,力争上游。有意识地提高自己的思想认识水平,正是消除和化解嫉妒心理的直接对策。

对于比你强大和能干的人,你不仅要有单纯的羡慕和崇拜,更应该抱一种"我一定会比你强,我一定能超过你"的想法。有了积极正面的思考方式,然后才能带来奋发向上的实际行动。争取做到"后来者居上",你才能活出生命的精彩。

嫉妒和羡慕只是一线之差,其产生的结果却有着天渊之别。嫉妒的人是在打击别人的过程中寻找快乐,以求得心理平衡,而他们自己的生活却搞得一团糟。

如果一个人很喜欢与别人进行比较,同时又不能对自己做出正确的评价,就会产生嫉妒。学会熔炼嫉妒,就是把本能的嫉妒转化为进取的动力,把不平静的心态归于平静,把蔑视别人的目光转到自己的短处上,这样嫉妒就会变成催人奋发的动力。

工作及社交中,嫉妒心理往往发生在双方及多方,因此,我们要注意自己的性格修养,尊重与乐于帮助他人,尤其是自己的对手。这样不但可以克服自己的嫉妒心理,而且可使自己免受或少受嫉妒的伤害。

与其嫉妒那些比自己强的人,还不如把嫉妒变为动力,多结交一些比自己强的人,从他们的身上学习成功的经验,提高自己的能力,促使自己也获得成功。

有一天,一位名叫阿瑟·华卡的美国少年在杂志上读到了大实业家亚斯达的故事,他很嫉妒亚斯达能有这样巨大的成功。但他转念一想,为什么自己要在这嫉妒呢?再怎样嫉妒都不可能像他那样成功,不如向他请教,对他的成功经历了解得更详细些,并得到他的忠告,这样自己或许也能取得成功。

有了这样的想法与动力后,他跑到了纽约,也不管几点开始办公,早上7点就来到亚斯达的事务所。在第二间办公室里,华卡立刻认出面前这位体格结实、浓眉大眼的人就是亚斯达,这让他兴奋不已。一开始,高个子的亚斯达觉得这少年有点讨厌,但一听少年问他"我很想知道,我怎么才能赚到百万美元"时,他的表情变得柔和了起来,两人竟谈了差不多一个小时。随后,亚斯达还告诉华卡该怎样去访问其他实业界的名人。

华卡照着亚斯达的指示,遍访了那些曾让他嫉妒的一流的商人、总编及银行家。在赚钱方面,华卡所得到的忠告并不见得对他有多少帮助,但是成功者的知遇给了他自信,他开始化嫉妒为奋进的动力,仿效他们成功的做法。

过了两年,这个20岁的年轻人成了当初他做学徒的那家工厂的所有者;24岁时,他又成了一家农业机械厂的总经理。就这样,在不到5年的时间里，华卡如愿以偿地赚到了百万美元。后来，这个来自乡村粗陋木屋的少年，又成为了一家银行董事会的一员。

华卡在以后的创业过程中，一直实践着他年轻时到纽约学到的基本信条：多与比自己优秀的人结交，把嫉妒别人转变为学习别人的长处，以此来帮助自己成功。

华卡的做法是值得我们学习的。我们可以把嫉妒对象当作对手，不是向他发起攻击，而是向他挑战、学习。俗话说："只要功夫深，铁杵磨成针。"很多事情别人能干，自己也一样能干，而且可能会做得更好。

比尔·盖茨说："和那些优秀的人接触，你会受到良好的影响。"然而，要与优秀的人物缔结友情，跟第一次想赚百万美元一样，起初是相当困难的。其中的原因并不在于对方的出类拔萃，而在于我们自己的嫉妒之心，不愿友好地与之进行沟通与交往。

但是，我们不得不承认与比自己强的人结交是很有好处的。

第一，和比自己优秀的人在一起容易产生嫉妒之心，我们可以将嫉妒之心转化为好强的求胜之心，促使我们快速成长并超越别人。

第二，结交一个优秀的人，比我们做的任何决定都来得重要。因为，借由他们的成功经验、成功模式，能使我们在短时间内产生非常大的效益；同时，他们失败的教训能让我们知道什么事不能做，这样，我们可以少走很多弯路，省下不少时间和精力。

看到与自己所嫉妒的人之间的差距，以所嫉妒的人为榜样、目标，扬长避短，择其善而从之，见其恶而避之，自己努力改进，迎头向上，积极地将嫉妒心理转化为进取的动力，不让嫉妒使自己的心理不平衡，这才是对待嫉妒的正确方式。

同时，我们应当认识到，有些事情是不取决于人自身的。如一个人的出身、相貌等，不是想改变就能改变的，因此，我们没有理由去嫉妒别人。我们要做的是挖掘己不如人的根源，弄明白别人到底为什么比自己强。

也许,他取得的成绩是努力拼搏的结果,我们是不是做得还不够呢?如果是,就应当提醒自己加倍努力。

"山不辞石,故能成其高;海不辞水,故能成其大;君不辞人,故能成其众。""合抱之木,始于毫末;千里之行,始于足下。"既然已知自己的弱处,看到了自己与别人的差距,就不该将精力浪费在嫉妒别人之上,而应该知耻而后勇,化嫉妒为拼搏的动力,注意点滴的积累,从今天开始,从足下开始,不耻下问,不疲请教。"寇可往,我亦可往。"只有具备这样的思想,我们才能迎头赶上,进而后来居上。

2.进行愤怒管理,学会从怒火中获益

愤怒是一种非常大众化的感情。成千上万的人毫无必要地受到"毒性愤怒"的侵害,这种愤怒每一天都在实实在在地毒害着人们的生活。

愤怒是无法彻底消除的,而且也没有必要消除它,但你有必要对它进行很好的管理和控制。不管是在家里、工作中,还是在你和关系亲密的人相处的过程中,都需要进行愤怒管理,这样你才能从愤怒中获益。

愤怒就其本身的特性来说是短暂的,它就像拍打沙滩的波浪一样,来得快,去得也快。对于大多数人来说,5到10分钟之后,怒气就下去了;但对某些人,愤怒总是挥之不去,甚至愈演愈烈。

不悦要比愤怒更加常见。如果仅仅感到不悦,一般不是什么问题,但前提是这种感觉能就此打住,不往下发展。

怎样才能让不悦之情不往下发展呢?下次有人惹你不高兴时,你可以尝试像下面这样去做:

(1)不要把事情想得过分严重,用正确的眼光对待。如果在开车时有一辆车突然插到了你的前面，要记住，这只是让你不快的小事，而不是世界末日。

（2）不要把问题个人化。那个开车时插到你前面的司机并不认识你——他很可能并没有意识到给你带来了不快。也许某件事让他不顺心，他想借此发泄出来，但这绝对不是针对你本人。

（3）不要指责别人。一旦开始指责另外一个人，就很容易使你的不快升级。所以，让事情就这么过去吧，别再去追究了。

（4）不要老想着报复。把某事归罪于某人后，下一步往往就是报复。与其这样，不如把精力用在比报复更有用的事情上面。

（5）不断探寻让自己面对某种情况而不生气的方法。开车的时候其他司机让你不悦，但你该怎样做才能不让这种不悦升级为愤怒呢？也许你可以播放自己喜欢的音乐，或者收听自己喜欢的电台节目，特别是一些轻松愉快的节目，也许一些其他的方法对你更有效。总之，你要不断地总结和摸索。

（6）不要把自己看成一个无助的受害者。采取一些措施使自己适应令你不快的情况，或者想办法改变这种情况。不管你做什么，只要你在做，就比光在那里生气要好。

（7）不要让负面情绪放大你的愤怒。愤怒会加剧你的郁闷，告诉自己："我不会因这种令人不快的情况使我的坏心情雪上加霜。"问自己："如果我心情不这样糟糕，遇到这种情况我会怎样做？"然后就那样去做。

一个年轻的农夫划着小船，给另一个村子的村民运送自家的农产品。那天的天气酷热难耐，农夫汗流浃背，苦不堪言。他心急火燎地划着小船，希望赶紧完成运送任务，以便能在天黑之前返回家中。突然，农夫发现前面有一只小船沿河而下，正迎面向自己快速驶来。眼看两只船就要撞上了，但那只船没有丝毫避让的意思，似乎是有意要撞翻农夫的小船。

"让开，快点让开！你这个白痴！"农夫大声地向对面的船吼道，"再不让开,你就要撞上我了! "

但农夫的吼叫完全没用,尽管农夫手忙脚乱地企图让开水道,但为时已晚,那只船还是重重地撞上了他的船。农夫被激怒了,他厉声斥责道:"你会不会驾船,这么宽的河面,你竟然撞到了我的船上! "

当农夫怒目审视那只小船时,他吃惊地发现,小船上空无一人,听他大呼小叫、厉声斥骂的只是一只挣脱了绳索、顺河漂流的空船。

在多数情况下,当你责难、怒吼的时候,你的听众或许只是一只空船。那个一再惹怒你的人,决不会因为你的斥责而改变他的航向。

如果你能学会控制自己的情绪,冷静分析那些容易让你生气发火的原因,你就可以知道自己还欠缺什么,自己害怕什么,自己想要什么。

3.错误——它可能是成功的另类入场券

错误,绝对没有想象中那么可怕,它其实是一种特殊的教育、一份宝贵的经验。有时候,换个念头去面对错误,可能是另一个圆满的结果。

古埃及国王有一次举行盛大的国宴,厨工在厨房里忙得不可开交。一名小厨工不慎将一盆羊油打翻了,吓得他急忙用手把混有羊油的炭灰捧起来往外扔。扔完后,小厨工去洗手,发现手滑溜溜的,特别干净。小厨工发现这个秘密后,悄悄地把扔掉的炭灰捡了回来,供大家使用。后来,国王发现厨工们的手和脸都很洁白干净,便好奇地询问原因。小厨工便把自己的事情告诉了国王,国王试了试,效果非常好。很快,这个发现便在全国推广开来,并且传到了希腊、罗马。没多久,有人根据这个原理研制出了流行世界的肥皂。

没有人愿意失败，因为失败意味着以前的努力将付诸东流，意味着一次机会的丧失，因此，几乎所有人都存在谈败色变的心理。然而，若从不同的角度来看，失败其实是一种必要的过程，而且也是一种必要的投资。数学家习惯称失败为"或然率"，科学家则称之为"实验"，如果没有前面一次又一次的"失败"，哪里会有后面所谓的"成功"？

全世界著名的快递公司DHL创办人之一的李奇先生，对曾经有过失败经历的员工情有独钟。李奇每次面试应聘者时，必定会先问对方过去是否有失败的经历，如果对方回答"不曾失败过"，李奇会直觉认为对方不是在说谎，就是不愿意冒险尝试挑战。李奇说："失败是人之常情，而且我深信它是成功的一部分，有很多的成功都是在失败的累积中产生的。"

李奇深信，人不犯点错，就永远不会有机会，从错误中学到的东西，远比在成功中学到的多得多。

另一家被誉为全美最有革新精神的3M公司，也非常赞成并鼓励员工冒险，任何新的创意都可以尝试，即使在尝试后是失败的。虽然失败的发生率高达60%，但3M公司仍视此为员工不断尝试与学习的最佳机会。

3M坚持的理由很简单，失败可以帮助人再思考、再判断与重新修正计划，而且经验显示，通常重新检讨过的意见会比原来的更好。

美国人做过一个有趣的调查，发现在所有企业家中平均有3次破产的记录。即使是世界顶尖的一流体育选手，失败的次数也丝毫不比成功的次数"逊色"。例如，著名的全垒打王贝比路斯，同时也是被三振最多的纪录保持人。

失败并不可耻，不失败才是反常，重要的是面对失败的态度，是能反败为胜，还是就此一蹶不振？杰出的企业领导者，绝不会因为失败而怀忧丧志，他们会回过头来分析、检讨、改正，并从中发掘重生的契机。

失败是走上更高地位的开始。许多人之所以能获得最后的胜利，正是受惠于他们的屡败屡战。没有遭遇过大失败的人，反而不知道什么是大胜利。若能把失败当成人生必修的功课，你会发现，大部分的失败都会给你带来一些意想不到的好处。

犹太人说，这世界上卖豆子的人应该是最快乐的，因为他们永远不必担心豆子卖不完。

犹太人为什么不怕豆子卖不完？

豆子卖不完，可以拿回家磨成豆浆，再拿出来卖给行人；豆浆卖不完，可以制成豆腐；豆腐卖不完，变硬了，可以当作豆腐干来卖；若豆腐干卖不出去，那就把这些豆腐干腌起来，制成腐乳。

还有一种选择是：卖豆人可以把卖不出去的豆子拿回家，加上水让豆子发芽，几天后就可改卖豆芽；豆芽如卖不动，就让它长大些，变成豆苗；如豆苗还是卖不动，那就再让它长大些，移植到花盆里，当作盆景来卖；如果盆景卖不出去，那就把它移植到泥土中去，让它生长，几个月后，它就会结出许多新豆子。如此，一颗豆子变成了上百颗豆子，这是多划算的事啊！

一颗豆子在遭遇冷落的时候，可以有无数种精彩的选择，人也可以如此。

人生总免不了要遭遇这样或者那样的失败，确切地说，我们每天都在经受和体验各种失败。面对失败，我们往往会采取习惯的对待失败的措施和办法——或以紧急救火的方式扑救失败，或以被动补漏的办法延缓失败，或以收拾残局的方法打扫失败，或以引以为戒的思维总结失败……当我们失败时，如果能够静下心来，坦然面对，换一个角度去思考，那么在我们从另一个出口走出去时，就有可能看到另一番天地。

4."换位思考"让生活更和谐

不同的环境,不同的人生观,不同的思考方式——我们每个人不同的身份决定了思考角度的不同。同是一朵花摆在面前,会有"花谢花飞飞满天,红消香断有谁怜"的感怀,也会有"落红不是无情物,化作春泥更护花"的深刻。

你不能苛责寄人篱下的林妹妹的伤怀,也不能否认落红护花的事实,你能做的只有学会换位思考,去体会一朵花的丰富内涵,之后,你才会发现生活是如此丰富。

生活中,人与人之间的交往难免会发生矛盾。怎样才能缓解这些摩擦呢?要知道,"己所不欲,勿施于人"。遇事不能总以自我为中心,要站在对方的角度,多替他人着想。毕竟,每一个人在其他人眼中都是"别人"。坚持换位思考,你会发现,生活原来可以如此和谐。

有一个3岁多的小男孩儿,他最近干了一件"坏事",他把一碗滚烫的菜汤倒进了花盆里——这盆名贵的花,是他爸爸刚刚从花市里找来,又费了九牛二虎之力亲自搬回来的。

爸爸对此感到怒不可遏,这小子太淘气了,简直就是个破坏分子! 3岁的儿子看爸爸到处找笤帚,吓得哇哇大哭起来。这时,妈妈冲上去拉住了爸爸,她说:"你别忘了,我们是在养孩子,而不是养花!"

妈妈的一番话在坚定地提醒着爸爸:孩子和花,到底哪个更重要? 更何况,他还没有弄清楚孩子那么做的原因就要开打,是不是在说孩子的自尊和快乐远远不如一盆花重要?

妈妈蹲下来帮孩子擦干眼泪,轻声地问:"宝宝为什么要把汤倒在花盆里啊?"

小男孩抽泣着说:"奶奶说……热热的菜汤有营养……我想让花长高高……"

这下轮到妈妈流眼泪了,孩子一颗爱花的心,差点儿就"冤死"在爸爸的笤帚下了。

很多时候,我们活在自己的思维定式下,习惯从自己的角度出发,却忽略了别人的感受、别人的想法。如果不是妈妈及时制止父亲的怒火,怎么能听到孩子那善良美好的心声?如果父母只是片面地看到事情的表面,却不肯倾听孩子的声音,不肯站在孩子的角度想,有多少孩子会生活在委屈中?

"换位思考"并不是什么深刻的东西,它在生活中随处可见,伴随在我们左右。日常生活中需要换位思考,工作中更需要换位思考。

因为有"换位思考",人与人之间才能增进了解,建立起深厚的友谊;因为有"换位思考",我们在交往与合作中才会变得愉快;因为有"换位思考",我们才发现生活是如此充满人情味儿。

生活是需要"换位思考"的,因为"换位思考"能帮助我们打开观察世界的多棱镜,让我们更好地读懂别人、读懂生活、读懂社会,此刻的我们便学会了用单纯而善感的心去感受世界多角度的斑斓,体味生活中别样的美。

5.适当的压力是不可缺少的清醒剂

很多成年人都爱说:要是我们永远不长大,做一个单纯懵懂的孩子,不用承担来自事业、情感、家庭、社会的压力,生活一定很甜蜜和轻松,世界一定很美好。

事实上,压力无所不在。一个人从出生开始,压力就如影随形。即使是一个孩子,虽然没有生计的烦恼,却也要熟悉这个新世界的冷热惊喜,也会有各种各样莫名其妙的需求及无法满足的失落。

等到稍大一点，孩子又会因为复杂的社会因素，与他人进行比较、竞争，从而形成实际的压力。

等到再大一点，只要孩子对生活有了较为明确的目标和要求，就必须承受一份来自环境、体系、制度的压力。但是，因为孩子天性中具备接受新鲜事物的特质，所以他们大多能很快消除压力带来的不适，进而稳重、沉着地应对挑战。

压力有大有小，你把它看得重，它就重；你把它看得轻，它就轻。与孩子的善于遗忘和善于学习相比，成年人由于太过依赖习惯和常规，对压力的态度就显得不那么友好了。

然而，适当的压力对人来说，绝对是不可缺少的清醒剂。它让你不畏惧困难，懂得思考如何进入新的局面，如何打破旧的格局，甚至让你萌发自信和勇气，这些都是帮助你将来获得幸福的先决条件。所以，任何人都要接受压力的挑战。

著名的恺撒大帝能从一个没落贵族荣升到罗马最高统帅，建立起庞大的帝国，正是得益于沉重压力的不断驱策。

恺撒19岁时，家族权威人士从集团利益出发，要求他放弃原来的婚约，与当权派人家的女儿攀亲，甚至不惜使出各种手段进行胁迫。面对压顶的阻力，恺撒毫不退缩，坚持自己的主张，甘愿让个人财产和妻子的嫁妆被没收，并上演了一场出逃完婚的剧目，为自己赢得了信守诺言的美誉，这也是后来将士们愿意追随他的重要原因。

当恺撒搬开第一个巨大压力后，他又用了足足38年的时间，一步步从军营、战场走向政坛，而在这过程中，他时刻都要对抗难以计数的压力。在与压力抗衡的过程中，恺撒没有浪费时间去烦恼，而是把越来越沉重的压力变成动力，他不断挖掘自己的各种优势，包括发挥他的军事才能，并用他英俊的容貌、机智的谈吐以及坚毅镇定的心志博得大家的重视，彻底扫除拦在成功前面的障碍。

美国总统华盛顿说："一切和谐与平衡、健康与健美、成功与幸福，都是由乐观与希望的向上心理产生的。"不因压力而放弃既定的目标，这是恺撒取得辉煌成绩的原因之一。

明知道压力不可能消失，整天妄想没有压力的生活无疑是给自己心里添愁。

遭遇压力时最聪明的做法就是赶紧跳出来，分析自己的压力来源，思考如何将它转变成有效的动力。

压力太大，容易让人一蹶不振；压力太小，又容易让人滋生惰性。适度的压力，不仅能让人保持清醒和活力，还能让人产生自我认同的心理。

拿拳击比赛来说，有经验的教练都会帮选手挑选实力差不多、刚好可以刺激选手斗志的陪练进行训练，让选手可以在每一次比试中慢慢地进步。因为有外来的刺激，选手们不会有停滞不前的困惑，也不会盲目自信。如此，他们才能通过不断克服压力，逐渐提升自己的实力。

既然压力人人都有，无法完全消除，那么，何不利用压力来改变我们的生活，创造出一个自己想要的结果呢？诗人歌德说："大自然把人们困在黑暗之中，迫使人们永远向往光明。"

20世纪最伟大的喜剧演员卓别林出生于演员世家，父母因感情不和而离异。当卓别林身体虚弱的母亲在一次演唱时遭到观众喝倒彩，即将失去她唯一的经济来源时，小卓别林却意外地被带到台上代替母亲继续演出。没有想到，卓别林虽然是初次表演，却十分冷静，他故意装出和母亲一样的沙哑歌喉来演唱，最后竟意外得到了观众的认可，赢得了热烈的掌声。虽然这个压力来得很突然，但卓别林却能及时解除。这次的表演，无疑是他成功的第一个信号。拿破仑曾说："最困难之时，就是离成功不远之日。"从那以后，尽管生活还是无比艰难，但卓别林却体会到了自己在舞台上的魅力，他忘记了那些贫苦、抱怨，一次次认真学习表演的技巧。

1925年，卓别林完成了描写19世纪末美国发生的淘金狂潮长片《淘金记》，奠定了他在艺术界的地位。但是压力并不会因为成功的到来而却步。由于有声电影逐渐取代了传统的默片，卓别林的日子又变得难熬了，不仅要面对事业的没落，还要承受母亲去世的悲伤，还有和妻子沸沸扬扬的离婚案，以及电影《城市之光》的停停拍拍及放映权的谈判……重重压力下，一贯以喜剧角色出现在世人面前的卓别林仿佛苍老了20岁，一缕缕白发悄悄渗出。

当卓别林突然意识到自己的颓丧于事无补时，他决定放下压力，横渡大西洋展开一次欧亚之旅，既能散心，又可以趁机为新片做宣传和吸收新知。

卓别林用了很长一段时间才让自己在压力中恢复工作激情，最后，他终于重拾风采，带着《摩登时代》出现在人们前面，获得了巨大的成功。

每个人在每个时期都会碰到压力。压力来临的时候，我们要做的不是退缩、回避，而是应该认真地接受它，找到改善的方法，如此才能把因为情绪所产生的不必要压力统统释放出来。

用勇气和智慧去正视压力，压力就会变小，事态也会渐渐朝好的方向变换，这就是眼前的大成功。

6.接受不完美是营造快乐人生的技巧

有位伟大的雕刻家，他的艺术是如此完美，以至于他的雕像几乎难以与真人区分开来。有一天，占星师告诉雕刻家，死亡即将来临。雕刻非常伤心,他十分害怕,就像所有人一样,他也想避免死亡。他静心思索,最后想到了一个方法:他做了11个自己的雕像,当死神来敲门时,他藏在那11个雕像中,屏住了呼吸。

死神感到很困惑,他无法相信自己的眼睛,从没听说过上帝会创造出两个完全一样的人,他的创造总是独一无二的。

这到底是怎么回事?12个一模一样的人?现在,他该带走哪一个呢?他只能带走一个……死神无法做决定。带着困惑,他回去向上帝请教:"你到底做了什么?居然会有12个一模一样的人,而我要带回来的只有一个,我该如何选择?"

上帝微笑地把死神叫到身旁,在死神耳旁轻声说了一个方法,一个能够在"赝品"之中找出真品的方法。他给了死神一个秘密暗号,他说:"只要说出这个暗号,你就能找到他。"

死神问:"真的有用吗?"

上帝说:"别担心,你试了就知道了。"

带着怀疑的心情,死神又来到了雕刻家的房间。他往四周看了看,说:"先生,一切都非常完美,只有一件小事例外。你做得非常好,但你忘记了一点,所以仍然有个小小的瑕疵。"

雕刻家完全忘记了自己躲起来的初衷,他立刻跳出来问道:"什么瑕疵?"

死神笑着说:"抓到你了吧,这就是瑕疵——你无法忘记你自己。天堂都没有完美的东西,何况人间?别废话了,跟我走吧!"

是啊,天堂都没有完美的东西,何况人间?

你还在事事追求完美么?你有没有想过你生命的长度?你真的以为世界上有完美的爱人、完美的朋友、完美的工作、完美的老板?你只是在浪费时间,浪费那点本来就少得可怜的时间。你肯定还要把大量时间花在唏嘘感叹上,感叹完美真的好难。

放弃完美主义吧,不要把你有限的生命浪费在虚无的完美之中。

从前,有一位画家想画出一幅人人见了都喜欢的画。画毕,他拿到市场上去展出。他在画旁放了一支笔,并附上说明:每一位观赏者,如果认为此画有欠佳之笔,均可在画中作记号。

晚上,画家取回了画,发现整个画面都涂满了记号,没有哪一笔是不被指责的。画家对这次尝试感到十分失望。

几天后,画家又画了一幅同样的画拿到市场展出。可这一次,他要求每位观赏者将其最为欣赏的妙笔都标上记号。当画家再取回画时,画上一切曾被指责的败笔,如今都换上了赞美的标记。

"哦!"画家不无感慨地说道,"我现在发现了一个奥妙,那就是:我们不管干什么,只要使一部分人满意就够了。因为,在有些人看来是丑的东西,在另一些人眼里恰恰是美好的。"

任何人都不可能让所有的人都肯定自己,既然如此,何必因为别人的言论而否定自己呢?

生活本身就是不完美的,不要奢望自己能受到所有人的欢迎。

追求完美即是不完美。生活中,多少失落、痛苦和不幸正是源于此。

只有在不完美中,人们才能找到自己人生的定位。不完美是"昨夜西风凋碧树"的清醒,而完美往往是"高处不胜寒"的迷惘。

有人甚至说,正是身体上的不完美成就了霍金。暂且不论此话妥贴与否,不可否认的是:正是这种不完美,使他意识到只有靠超越常人的思维才能立足于社会。类似这样的事例不胜枚举。

过失与缺憾本就是人生的一大组成部分,只有经历过无数次的过失与缺憾,才能在风雨之后看到彩虹。

接受不完美,是生存的智慧,更是营造快乐人生的技巧。善于接受不完美者,必定会随处有缘,拥有幸福人生。

7.认识到世界上没有绝对的公平

职场中似乎总是充满了各种不公平,激起我们的负面情绪,阻碍工作的积极性。

记住,世界上没有绝对的公平。尤其是在职场中,面对复杂的人际关系和利益冲突,被批评、受委屈在所难免。生气发火于事无补,那就学会幽默智慧地应对吧。

人在职场,很多时候不得不承受一些委屈,比如,自己在工作中一直尽心尽责,却因为某些客观的或者其他人的人为原因而造成工作中出现问题,老板却把问题全算在了自己的身上,这样的委屈经常发生。解决这样的问题,首先要从自己身上找原因。

不过,误会和冤枉是应该有底线的。如果事件严重,影响到了公司的利益问题、形象问题,让老板或上司对自己产生了很大的失望和怀疑,那就一定要维护自己的声誉和利益。因为如果这种误解或冤枉不能及时消除,可能会给我们造成心理压力和精神负担,还有可能会影响到我们的晋升,严重损害上下级关系。因此,面对老板或上司的误解,我们要控制好自己的情绪,坦然面对并及时消除误解,这一点最重要。

但更关键的是,我们不能只知道抱怨老板或上司,却不反省自己。忠实履行日常工作职责,全力以赴、尽职尽责地做好目前所做的工作,才能使我们渐渐地获得价值提升。只要我们把自己的工作做得比别人更完美,凡是正直的老板或上司,定会改变对我们的偏见。

有时候,老板或上司对我们表现出来的误解,也许是他们对我们的一种考验,也许是一时的情绪反映,也许是我们自己真的有点问题,只是我们自己还没有意识到而已。所以,一方面,我们要多从自身找原因,另一方面,我们要充分了解自己,有自知之明。

所谓"人贵有自知之明",这实际上是说,每个人都应当对自己的素质、潜能、特长、缺陷、经验等各种基本能力有一个清醒的认识,对自己在社会工作、生活中可能扮演的角色有一个明确的定位。心理学上把这种有自知之明的能力称为"自觉"，这通常包括察觉自己的情绪对言行的影响，了解并正确评估自己的资质、能力与局限，相信自己的价值和能力等几个方面。

有自知之明的人既能够在他人面前展示自己的特长，又不会刻意掩盖自己的欠缺。谈及自己的不足而向他人求教，不但不会贬低自己，反而可以表示出虚心和自信的态度，赢得他人的青睐。

能够正确地认识自己，正确理解老板、上司的意图，处理好与同事之间的人际关系，站在老板的角度去想问题、做工作，积极主动地把工作做圆满，我们就能少一些误解。记住，帮助老板或上司成功是让自己获得成功的最好方法。

虽然面对办公室里的不公平，我们不可以抱怨，但我们是不是除了无可奈何就什么都不能做了呢？不是，我们能做的还有很多。

不可能事事公平，所以不必过于苛求

要知道，阳光公平地洒向大地，却还是有地方被阴影覆盖。公平是一种理想状态，但却不总是存在，过于苛求公平的人只是在自寻烦恼。

有时候不是不公平，而是你不够成熟

总有人觉得自己埋头苦干却没有那些"溜须拍马"的人得到的多，其实这是一项职场生存的技能，只是你没有学会而已。

与其抱怨不公平，不如努力找原因

当你觉得自己没有评上优秀员工的时候，为什么不多找找自己身上的原因？也许是某一点小小的因素掩盖了你的努力。

世界上没有绝对的公平，所以，当我们生气地咒骂办公室的不公平时，不妨换一个角度来想，为什么我会遇到不公平？发现原因，再去改变它，岂不是比你怨天尤人要好得多？

所以，面对不公平，我们的态度应该是：坦然面对它，努力适应它，力争改变它。作为一个成熟的职场人，要时时刻刻明白这一点，以平常心、进取心来改变自己的生活和工作，这样才能通向成功的彼岸。

修炼心态，做内心强大的自己

——保持什么样的心态就会有什么样的行为方式，有什么样的行为方式就会有什么样的人生！

第四章

掌控心态的技巧

——运用生活"偏方"舒缓情绪

1.音乐不但可以"消气"，还可以让你更有气质

上天赋予了人类一定分量的欢喜与哀愁，倘若你不懂得用好心情来平衡坏情绪，用新快乐来抚平旧伤痛，那你就大大辜负了人类左右情绪的天赋。

对于爱生气的人来说，音乐是一个不错的"解毒良药"。一首适合当时心情的歌曲，总能让我们在音乐中找到共鸣。听着或轻快或缓慢的曲子，我们的心灵得到了放松，心中紧绷的弦也在音乐的感染下，变得柔软而缓和。

音乐可以让我们忘记一切不愉快的事情。迷茫的人可以在音乐中找到友爱；失意的人可以在音乐中找到坚强；彷徨的人可以在音乐中找到方向。

乐乐是个懂得发泄的女孩,就算再难过的事情,给她几个小时的时间,那个自信从容的她就又回来了。

一次,乐乐本来是可以升到主管那个位置的,但是中间出现了一点小差错,不仅没有升职,还差点被开除。因此,所有的同事都认为乐乐第二天不会来上班。

但到了第二天,乐乐却神采奕奕地来上班了,同事们对此都感到很吃惊。一些大胆的同事问她是怎么做到的,她笑着说:"没什么啊,回到家中把音乐调到最大,放一首自己最喜欢的曲子,慢慢也就调整过来了。"

当领导看到乐乐的情绪恢复得这么快, 也在心里暗暗佩服了一番。没过多久,乐乐就凭借自己出色的工作表现升职了。

对于现在很多人来说,一切喜怒哀乐都少不了音乐的陪伴。找不到人生方向的时候,一首汪峰简单的《存在》,可以体会人性在迷失中感受生命的存在;当在爱情里受了伤害,郑源的每首情歌都是最好的伙伴;在探索未来的人也可以听一首许巍的《在路上》,借此表达自己当时的心情;即将分别,在朋友远去的那一刻,可以听听水木年华的《启程》,让我们的离别更具有生命的意义……

音乐不仅可以消除你心中的"郁气",还可以让你变得更有气质。公交车上,一个人塞着耳机、呆呆望着车窗外的场景,能让人瞬间感受到唯美,这个时候的气质是平时怎么都伪装不出来的;咖啡店里那个听着音乐看书的人,也常常会让我们羡慕他(她)那份安静而优雅的气质。

闲来无事听听音乐,我们的情绪将变得日益鲜活,我们的日子也将变得日益温馨。

2.压力大吗？运动帮你消除烦恼

"锻炼身体？那是很久以前的事情了。"说到运动，大部分的人都觉得很遥远，也觉得忙碌的生活中没有时间锻炼身体是很正常的事情。可是，和经常运动的人相比，他们更显得没有活力，甚至是更显得苍老。

一项新研究显示，运动不仅能够让人们心情畅快，当人们面对精神压力和情绪波动的问题时，还能帮助大家排忧解难。

马里兰大学公共健康大学运动机能学系助理教授史密斯做了一项研究，研究中，参与实验的成员要做一段时长30分钟的休息期，或者是在两天内每天骑30分钟的单车。

这项调查旨在测量活动前后的焦虑程度。接着，这些成员会看到一系列关于婴儿、家庭和宠物的美好图片，也会看到一些令人不快的描述暴力的图片，还有一些附有盘子、水杯和家具的中性图片。随后，他们的焦虑程度将最终得以测出。

参与实验的调查在他们30分钟的运动或休息之后迅速完成。调查显示，在这些情况下，降低焦虑程度的影响作用是同等的。

然而，在看过那些图片后，进行休息的人，焦虑程度上升到了他们的最初点；而那些做运动的人，则保持在了他们降低焦虑后的程度。

史密斯说："我们发现，运动有助于排解情绪释放的影响。如果你去做运动，不仅可以减压，还能在我们面对情绪情感问题时帮助我们更好地控制它。"

37岁的许燕是一家房地产的销售经理，平时经常在外跑业务，要不就是在自己的办公室里分析数据。虽然，大学的时候她也很爱好体育锻炼，可是参加工作之后就很少运动了。

一次，许燕遇到了大学好友谢静。谢静虽然带着两个孩子，但和许燕站在一起却显得很年轻,像不到30岁的女人。

当两人交谈的时候,许燕就顺嘴问了起来:"小静,你看起来这么年轻,有什么好的秘诀吗?"谢静当时就笑了,然后就问许燕:"你还在坚持一些运动吗?我记得你大学的时候很喜欢打羽毛球。"

许燕愣了一会儿,说道:"工作这么忙,年纪也大了,哪还有什么心思打羽毛球啊,最多也就是晚饭后散散步。"

谢静这才说:"我以前也和你一样,可是我女儿要中考的时候有体育这一项,那段时间为了督促孩子,我也跟着她一起锻炼身体。慢慢地,我觉得自己变得更有活力了,精神状态也好了很多,我老公也说我年轻了。你也该运动运动了,体验一下运动带给你的好处。"

"运动?还要去健身房,哪有时间哪有钱啊!"很多人都觉得做运动就要去健身房,要借助一些健身的器材进行锻炼。其实,这是一种误解。生活中,锻炼身体的方式有很多种,比如晨跑、打羽毛球、爬楼梯、踢毽子、转呼啦圈等,这些都是不错的选择。你可以在上班的路上、午休的时候或晚饭后的空闲时间等一些零碎的时间里来锻炼自己的身体。

锻炼身体不是一朝一夕的事情,需要坚持,每周至少要锻炼2~3次,如果可以天天做,那就最好了,"三天打鱼、两天晒网"地锻炼是起不到什么效果的。在锻炼身体的时候,你可以选择几项自己喜欢的运动交替着做,比如游泳、慢跑、瑜伽、舞蹈、体操等。

歌德说过:"流水在碰到抵触的地方,才把它的活力解放。"人的活力也是一样,只有去激发它,它才会更完美地展现出来。所以,想要自己有青春的活力,就要长期坚持锻炼身体,把身体内在的活力激发出来。

3.提升职场幸福——边工作边培养好习惯

在这个经济社会，一份工作，即便不太好，你也想要紧紧握在手中。而如果你能在工作的过程中体会到幸福，那么即使是再平凡不过的工作，你也能做出非凡的成就。虽然你无法控制老板的心情或者同事对音乐的选择，但你可以掌控自己幸福工作的方式。想要生活在幸福的职场中，并非无技巧可寻。以下小技巧，帮你收获职场幸福。

(1)按部就班地行动。

事业成功的人往往耐得住寂寞。他们善于自我控制，可以让时间听从自己的安排，且能在那些看似程式化的进程当中寻找到快乐。

对于每个人来说，每当遇到那些不情愿做又不得不做的事情时，避免自己拖延完成的最佳办法就是"按部就班地行动"：从接到任务的第一时间起，在自己的行事历上用醒目的符号标注出截止的日期，并把任务均匀地分配在日程之内。这样做，不但每天可以轻松地做完部分工作，而且由于时间的充沛，你可以把当天的这一部分工作完成得更加完美。

(2)永远现在进行时。

绝不要给自己一个理由，说服自己把工作交给下一个小时。永远以"现在"这两个字来想问题，把"明天"、"后天"、"下星期"想成遥远的下个世纪好了，做个"我现在就要开始工作"的人，哪怕只是拿起电话，和客户说说你刚才想到的那个创意，让他觉得你是一个主动热情的服务者。工作在此时此刻，是让我们保持战斗欲望的动力。

(3)做个"恺撒大帝"。

很多人对金钱的观念麻木而淡薄，说好听点，叫淡泊名利、与世无争，但从另一个角度看，却是没什么追求和上进心，不太在意生活的品质。

可以每隔一段时间就给自己制定一个目标,大的像买一辆自己喜欢的新车,小的如买一套今秋流行的格呢套装。有时候,压力是让人忘情于工作最好的动力,当你终于可以为了卸下包袱松口气时,你的目标也会得以实现。

(4)把你的闹钟拨快10分钟

把你的闹钟拨快10分钟即可。记住,无论是家里的钟还是手腕上的表,甚至连电脑的时间也不要落下。千万不要小看这短短的10分钟,它给你设定的可是一个提前的助跑机会,让你在别人还没启动的时候,就开始发力冲刺。不知不觉,你已经成为了工作面前最主动的那个人,同时,拖延的毛病也在无声无息地消失了。

(5)有用的人就在你身边。

如今这个社会,很多时候是靠人际关系网来工作和运作的,别人需要帮忙时,何不主动向别人开口?下次有新入职的同事到来时,不妨当面递上一张自己做的卡片,除了自我介绍之外,还可以附上一段你的祝福语,简简单单,就能赢得别人的心。它的好处在于,你在以后的工作中能够得到大家不遗余力的帮忙。几句温暖的话就可以赢得人心,为自己轻松编织一张人际网,占尽主动的先机,何乐而不为呢?

(6)一杯咖啡的时间。

当下一个任务下来时,你可以召集大家开一个小会,把自己对任务的理解面对面、最大限度地传递给合作者。在整个项目的进行中,你需要做的也许就是找出一点空余时间,和每一个项目执行者一起喝杯咖啡。这样做,既可以让每个人都有时间去处理自己手上要完成的工作,又能及时地沟通,随时调整彼此支持力度的侧重点。

(7)开门见山地陈述观点。

拐弯抹角或耐人寻味的提问方式虽然可以使人觉得你含蓄温和,但它的反面代价也是巨大的。因此,不管你自认为多么谦逊,也请不要在会议上说类似"我的想法不成熟,只是提供给大家参考一下"这样的话，那会使公司上下的人在心里给你打上不信任的分数。一个人的自信是非常有渗透力的，所以，在你需要把自己的设想与观点摆在桌面上时，请开门见山，少兜圈子会为你赢得主动权，奠定自己在高层心目中的地位。

(8)让桌面永远保持干净。

将自己的办公室打理得井井有条，时刻保持桌面的干净，坐在如此整洁舒适的小天地里，你会油然而生一种对工作的依恋之情，一花、一草、一桌、一椅，都可激发你的工作热情。

(9)3分钟之内结束私人电话。

一天的工作时间就那么长，学学那些为自己制定了规矩的职场先锋吧，比如，约定自己的私人电话时间绝不会超过3分钟。原因是，私人的事情难免会影响你的情绪，不管是愉快的还是不轻松的话题，都会让自己暂时脱离工作的状态。所以，在3分钟之内结束，避免自己被琐事干扰，对自己和工作都是一种负责的态度。

(10)对老板说"yes"，但对其他人讲"我一会儿给你回电话"。

你是否总是对别人的要求来者不拒？为人随和的欲望总是让你在还没考虑清楚的情况下说"yes"。

当然，如果你的老板要求你领导一项可以让你升职的项目，那你当然不能拒绝；但如果是同事、客户或者其他任何人要求你为他们做某些自己并不确定的事情（例如在周六你已经与家人安排好活动的情况下，他要来你家），不要立刻做出决定，即便你感觉这样做有压力。

相反，从长远看，说出下面的话将会帮助你增加工作自主权，提高幸福感："我一会打给你。"当自己处于支配地位时，你会感觉更加开心，给自己更多的时间去思考，而不是做出一个让自己立刻后悔的决定。

(11)首先做你表示恐惧的事情。

工作中有哪些任务是令你尤为担心，然后一整天都在这样的恐惧中度过，最后时刻才逼迫自己去完成的？根据心理健康专家所讲，"趣味因子"规则会帮助你。如果你需要在很短的时间内做很多工作,你可以按照它们的趣味等级来进行重点划分。对某些人来说,这意味着首先做令人讨厌的工作,而把最容易的留在最后。

(12)奉承一下自己。

积极的肯定和态度是与恶劣老板相处的不二法门。

第一步:对自己在这份工作中所学的知识心存感激。如果你睁开双眼看一看,你会发现,其实你每天都在学习。

第二步:使用积极的肯定,比如"这只是暂时的"、"这份工作只是我工作生涯的一个阶段"等,确保提醒自己,是这份工作选择了你。

这些肯定会证明你处于支配地位。培养控制感会帮助你减少大脑中压力荷尔蒙的分泌,进而减少记忆和注意力问题。

(13)运用你的呼吸和想象力。

这个建议听起来过于简单,但是减少你在工作中的焦虑,提高自己的幸福感可能就是几个深呼吸的问题。

如果有可能——即便你不得不把自己反锁在洗手间中——闭上你的双眼,把手放在心脏处,做深呼吸。用鼻孔吸气,然后用嘴呼气。每天至少做一分钟,这会给你灌输一种冷静、幸福的感觉。

想要把幸福感再提升一个阶段吗?那好,运用你的想象力。

假想你正位于你最喜欢的地点。如果你热爱热带、白色沙滩,此刻就让自己沉浸在海滨美景中——在你的头脑中。感受脚下的沙滩,闻一闻带有咸味的空气,倾听海岸线上的波浪声。这种方法会立刻改变你心中的看法,让你用更加宽容、理解的态度处理当前的难题。

(14)倍感压力?走一走——如果可以,外出走一走。

运动是我们所拥有的最佳情绪稳定剂,即便每天你只是做几下伸展运动,或者做几个瑜伽动作,你也会感受到压力水平的变化。

想要从工作中糟糕的境遇——焦虑感和失落感里走出来,最佳的方法是外出走一走。全频光线,像阳光,经过研究显示可以提升心情的愉悦程度。

(15)用香料疗法。

只要它不会令你的同事讨厌(或者有违办公室安全法则)，一根香味蜡烛或者一个香薰扩散器可以帮助你振作精神。

约翰·霍普金斯大学的研究员发现，乳香，一种在宗教仪式中使用了数千年的天然香料，含有一种抗抑郁、抗焦虑的化合物，你可以尝试在办公室点一根乳香蜡烛或者滴上几滴精油。

(16)为自己所做的事情定一个明确目标(即便你痛恨自己的工作)。

研究显示，当人们把自己的工作当作天职——而不仅仅是为了薪水——他们的幸福感会明显提高。

那么，在这份你极度不喜欢的工作中，你可以找到什么目标呢？

问问自己，你所做的事情推进了哪些好事情的发生？例如，在饭店工作的人能把快乐和食物带给他人；医药销售代表帮助挽救生命和改善生活；教师在为国家和世界的未来做贡献，诸如此类。

(17)伸展手臂，高过头顶。

在伸个懒腰之后，有谁不会感觉开心一点、冷静一点、更加平衡一点呢？

工作中最佳的伸展运动是，伸展手臂，高过头顶。我们身体中储存沮丧和伤心的地点之一就在我们的腋窝。当腋窝打开，那些情感就会被释放。这很难让你皱眉，多数人会立刻露出微笑。

(18)在你的书桌和电脑四周放置一些可以令你微笑的东西。

不要低估你正前方的物品。

你的屏幕保护程序上是否有一些只要看到就可以立刻敞开心扉的画面(例如，你的宝宝，你的小狗，你的父母，你上次度假或者自然界中意味深长的一张照片)。

不管你的职业环境如何，把你和所热爱的这些事情和人物联系起来的照片，都会增加你的幸福感。

(19)做一些蹲起。

是的,这是令人惊讶的建议,但在办公室中做一组20个蹲起能帮助你快乐起来。时间短、强度大的运动会刺激放松荷尔蒙的分泌,这是一种天然的心情助推器。

做蹲起可以带动身上最大的肌肉——大腿,因此身体会释放出最大量的荷尔蒙。

(20)微笑,真的有作用。

当你在某一天精神上受到伤害,你最不想做的事情就是微笑,对吗?

强迫自己微笑可能是诱使身体对抗工作情绪的最快途径。

你确实可以"哄骗"大脑的神经传递素认为你之所以微笑,是因为开心。至于额外的好处——你的微笑确实会给他人传递幸福。当你对别人微笑时, 他们通常也会对你微笑——模仿他人的面部表情是一种自然反应。

4.提升好心情的生活小智慧

有很多细节上的东西是不应该被忽略的,下面这些提升能量、补充精力、获得好心情的方法,每个人都应该用心体会。一旦真正领会并身体力行,你就能精力无穷,发挥无限潜力,让生活变得充实,让人生充满创意。

食物

食物是能量的来源,但前提必须是要定时吃,吃得均衡,吃得适量。如果不定时吃,不停地吃,在两餐之间没节制地吃东西,身体的机能就没有充分的时间休息,以完成消化、排泄的工作,消化不掉的食物会残留在体内,阻塞人体经络的通畅,使体内老死的细胞和黏液难以排除,污秽的物质就会在器官里累积, 使神经系统和心理状态变得迟缓、低落、怠惰。

信念

思想是精力的一大来源。任何善念,任何平静的心念,例如爱心,都是能提升能量、带来精力的重要来源。譬如前面提到了食物,从快餐店买来、囫囵吞下去(不是吃下去的)的食物,是不能提供能量的。如果有人充满爱心地为你准备食物,而你若能体察到这份爱意并享用,这样的食物能比没有用爱心去准备的食物提供更多的能量。爱心能够通过准备食物的人的十指,传导到食物中。所以,祖母亲手做出来的饼永远吃不腻,外面商店卖的饼却很容易让人吃腻,因为它只能填饱肚子,却填不满心灵。

爱心能传送能量,也能收获能量。出于爱心,把多余的食物送给别人享用,这样的行为也会带来能量,这是爱的信念所产生的能量。关怀他人,为他人准备食物,并且亲手奉上,受者和施者都同样会得到能量。

水

水,无论是用来喝还是用来洗涤身体,都能带来能量,重点在于心念,心灵能跟天地连接,并因此接上真正的能量源头。

祝福

很少有人知道,祝福最能提升能量,而最能压制能量的是诅咒。这里所说的诅咒不是巫师下的魔咒,而是对他人怀有恶意的心念。如果让这些心念进入心头,它们就能打击你。

不要去想:"那个人对我有恶意吗?那个人一定讨厌我,他绝不可能爱护我,我想他不可能信任我。"这些想法只会压制自己的能量,降低精力。进一步培养自己面对邪恶亦不起憎恨的分别心,你就不会受到诅咒的影响。其实,并不是别人的诅咒会影响你,而是自己的心念在作怪:"什么?他居然说我自私?才不,他才是最最自私的人!"这样的心念不只消耗身心的能量,还会招致疾病。

祝福最能提升能量,朋友甚至陌生人的祝福,不论你知道与否,都可以提升你的能量。如果我们心中常常这样祝福他人,他人也会为我们做同样的事。愿人人都能常常得到他人的祝福!

无私的奉献

无私的奉献会大大提升能量。布施是美德,祝福来自于布施和分享。分享自己的强处,分享自己的心灵,都可以带来祝福,带来能量。假如没有布施、服务、助人、分享,日子该怎么过?你一定会感到非常孤单,常常觉得疲惫、撑不下去,想退缩,想放弃,想逃避。

专注力

你在多远的距离外可以嗅到一朵鲜花的香味?把注意力集中到鼻梁骨和上唇相连接的那一点,想象空气从那一点吸进来,然后分成两束,进入鼻腔。深沉而平顺地吸气,试试看,能闻到房间另一头的花香吗?

如果闻不到,那就渐渐走近、走近,慢慢地,当专注力越来越敏锐时,你就可以在很远的距离外闻到了,这样能提升嗅觉器官的能量,还可以带来很多乐趣。

或者可以练习专注进食,把注意力放在食物和味蕾上,这样可以从进食中获得很多能量,而不会想用吃很多食物来填补心灵的空虚。

光

光是能量的来源。尝试集中注意力,凝视纯净、不跳动的蜡烛火焰,凝视之后闭起眼睛,把火焰残留在心灵上的影像集中到眉心,这会把能量导入松果体,进一步刺激脑下垂体,让我们的心不昏沉,充满活力。专注观想体内脉轮的光同样可以提升身心的能量。譬如,可以观想肚脐中心有一个向上的三角形,其中有红色的火焰,这可以提升消化的能量,也对体内的其他器官有益。

调息

调息对于提升能量大有帮助。做调息练习,试试做108次净化气脉的深长呼吸，用横膈膜做腹式呼吸，而不是用胸腔。或者试试集中注意力于左鼻孔，再专注于右鼻孔，最后观想两鼻孔合而为一，让左脉和右脉合成中脉。

TIPS：如何调节和改善你的能量场

以下是传说中可以用来调节和改善你自己的能量场的一些习惯，姑且不论其是否真的有效，但至少对健康有益，感兴趣的可以一试，也许会有意外的收获。

●置身于大自然之中，可以使你的气场得到平衡和净化。

●拥抱大树是公认的保持健康的好习惯，因为树木的气场具有非常好的流动性。要知道，每一株植物都是一个完整的循环系统，可以与人类气场发生良好的动态交流。正如人类的气场一样，每棵树都有独一无二的频率，因此，拥抱不同的树木会达到不同的效果。在柳树下静坐5～10分钟，可以减轻头痛；松树可以净化人类能量，能从人类气场中吸收掉负面情绪。

●水晶和宝石可以增强人体的能量，从各种水晶和宝石中释放出的能量可以轻而易举地被人体吸收。

●动物的气场也会影响到你。在美国的一些地区，已经有人着手研究宠物对老人和病人的影响。初步研究显示，养宠物可以降低血压，平衡气场，使肉体、情绪、心理和精神能量保持稳定。

●香气也可以调节气场。薰衣草、紫罗兰能开阔你的胸襟；德国洋甘菊、迷迭香会帮助你说出想说的话，并让对方折服。

5.不妨"假装快乐"来快速调整情绪

有人也许会说:谁不想让自己过得快乐点啊,我也知道自己快不快乐关键在于自己的心态,可是我就是没有办法说服自己,让自己快乐,我总是感觉有好多事情让自己不快乐。到底该怎么办呢?

要想让自己快乐,必须从自身的修炼做起,如此锻炼自己的意念,你一定会快乐起来。

"假装快乐"调整情绪——悲伤的情绪会导致人体新陈代谢减缓,所以人在悲伤的时候往往会精力衰退,兴趣全无。"假装快乐"是一种快速调整情绪获得快乐的方法,虽然治标不治本,但的确有效。

心理学研究发现,人类身体和心理是互相影响、互相作用的整体,某种情绪会引发相应的肢体语言,比如愤怒时,我们会握紧拳头,呼吸急促;快乐时,我们会嘴角上扬,面部肌肉放松。同样,肢体语言的改变也会导致情绪的变化。当无法调整内心情绪时,你可以调整肢体语言,带动出你需要的情绪。比如,强迫自己做微笑的动作,你就会发现内心开始涌动出欢喜的情绪。所以,假装快乐,你会真的快乐起来,这就是身心互动原理。

行为获得快乐——这种快乐感受还可以通过行为获得。当你情绪压抑的时候,可以找个地方尝试一下"笑功"的功效:先站直,然后身体前屈90度,再后仰10度,并配合喊出"哈哈哈哈"的声音,动作和声音力求夸张,连做6次,前后对比就会有不同感受。相信你做完就不会再那么郁闷了!

修身养性——以上两种方法都治标不治本,能否发自内心真正地快乐,还要看自己本身的工作态度和生活态度。也就是说,如果你自己没有一个好的、积极向上的工作态度和生活态度,那么,即使工作或生活在一个快乐的集体里,你也依旧快乐不起来。

但要做到这点并不容易。每个人的性格、脾气、承受挫折的能力都是不一样的,可能有些人天生看事情就比较悲观,容易往坏的方面想。因此,我们要修身养性,学会热爱生活、热爱工作,融入工作环境和工作群体,学会简单、宽容,不斤斤计较,与人为善。

找个快乐的人做伴——美国的职场心理专家安波顿通过研究认为,快乐的市值是机会+好人缘+健康,有时,这甚至是无价之宝。快乐的人也拥有更多机会,这也是微软总裁比尔·盖茨在一次演讲中提到的。他认为,一个每天都愁眉苦脸的人会成为办公室的环保情绪破坏者,将其他员工的好心情变坏,所以他喜欢的员工是那种看上去阳光明媚的人,而升迁时也会更多地把机会给这样的员工。

如果问职场中人,他们最喜欢同事身上什么特质,想必一大半的人会回答:乐观,积极进取。

在竞争压力大的现代社会,每个人都面临着一堆大大小小的生活问题,他没有时间更没有精力来倾听你的烦恼。你逞一时之快希望他变成你情绪垃圾的接收站,你轻松了,但久而久之,只会让他对你敬而远之。

所以,快乐十分重要。

小刘性格内向,不爱说话,在公司很少跟同事交流,当同事说笑的时候,她老感觉与自己无关,也高兴不起来。渐渐地,小刘感觉自己被同事淡忘了,自己在不在同事们都不会在意,为此,小刘感到很苦恼。

一次午餐的时候,她恰巧跟办公室活泼开朗的小王坐在了一起,小王很自然地跟她搭起了话,还开玩笑说她清高,不与其他人"同流合污"。在谈话的过程中,小刘得知她们居然回家顺路,于是,两人之后便经常在一起上下班。

在小王的影响下,小刘也渐渐变得爱说爱笑了。现在的她感觉办公气氛很融洽,工作起来也比以前快乐了。她忽然明白,不是别人忽视了自己,而是自己远离了别人,跟快乐的小王在一起,她才打开了这个心结。

你是不是也感觉自己被"边缘化"了呢？或是跟同事关系不好，或是老板不喜欢你，或是自己不爱说话、性格内向？

那么，赶快去寻找能让你快乐的人群吧！

远离制造负面情绪的人——那些喜欢向同事制造负面情绪的人常常怀有的错觉是：我和他是亲密的同事，我常常口无遮拦，向他抱怨一切事情，不恰恰证明我和他没有距离感，有什么说什么吗？

其实，这样做违反了人际关系交往的法则。即使是夫妻，也不是什么都可以说的，什么话都说的后果是夫妻关系变得更紧张。如果你一回家就向你的另一半发泄郁闷，他心里会怎么想？第一次可能会安慰你，第二次、第三次呢？时间长了，阴影也就产生了。同样的道理，有哪一位同事甘愿当你的情绪垃圾接收站？

每天接收别人的"情绪垃圾"，可能会增加你自己体内毒素的堆积。美国科学家们做过一项科学实验，发现如果一个人每天都处于郁闷所带来的负面情绪之中，体内的毒素分泌率比普通人要高出好几倍。

6.微笑，真的有效果

毫无疑问，几乎所有人都喜欢看到面带笑容的脸庞，没人愿意在一个整天愤怒、仇恨、哀怨的人身边多待。

中国人很讲究一个人的运势和影响力，相信和顺利的人在一起可以沾染好运，和倒霉的人在一起会沾染晦气。而在民间的传闻中，对于好运的人也都有这样的描述：印堂饱满红润、光泽如镜。这和眉头紧锁、唉声叹气的形象有着天壤之别。

　　因此,如果一个已经陷入困境的人,仍不用心控制和调整自己的精神及面貌,还肆意地把愁苦暴露出来,那么这个人除了能获取一些旁人的可怜、同情,或者幸灾乐祸的嘲笑外,更多的,恐怕是慌忙的躲避。

　　可见,让自己开朗起来,用乐观和平静去对付各种磨难,除了可以保持自己的格调外,还能赢得更多人的尊敬和关注,同时也能赢得改善生活的机会。

　　美国总统里根是一个让人印象深刻的杰出人物。和所有出身低微、贫苦的普通孩子一样,他的生活充满了酸涩。但可喜的是,尽管家庭条件异常窘迫,乐天派的他却毫不自卑、胆怯,遇到任何人、任何事,他都是一脸微笑。

　　里根小时候曾被父母锁在堆着马粪的房间里受训。当家人以为他会大哭大闹的时候,他却拿起一把铲子准备移动那些粪便。面对父母诧异的目光,他兴奋地说:"这里这么多马粪,我想,在这附近一定有一只小马!"

　　最后,所有人都被他独特的想象和超凡的乐观感染,忍不住笑出声来。

　　正是因为具备这种可贵的特质,所以当困苦和艰难来临的时候,里根没有皱眉愤怒,而是努力地顺应变化——他去球场卖爆米花,去建筑工地做临时工,做公园的业余救生员,在学校餐厅刷盘子……凡是可以独立完成的工作,他都乐意接受。而他所有的付出,都是为了减轻家庭负担,为将来创造机会。

　　风雨坎坷,里根的人生逐渐呈现出一片绚烂。在从政之前,他做过许多职业,不仅是出色的体育播音员,还曾是一个作品颇多的专业演员(29年间拍摄了51部电影)。在里根69岁这年,他成为了美国历史上年龄最大的总统,同时也是第二次世界大战结束后第一位任满两届的美国总统,他终于实现了自己出人头地的愿望。里根很聪明,他用他的自信和快乐——一种始终没有被贫困生活所击败，也没有被富贵的气势所压抑的自信和快乐，打动了整个世界，让生命的奇迹一次次在银幕之外真实发生。

让别人理解自己的痛苦，乐意和自己保持长久的联系并能给予支持和帮助，这就是里根的笑赢得的胜利。

现实生活中，命运常常会突然偏离既定的轨道，让人措手不及。但是，唯有热情、乐观的心是绝对不能和那些外在物质一起失去的，因为，一旦一个人的笑容少了，怨气和晦气就可能会变多，如此一来，这个人遇到困难就容易被彻底击垮，变成一个失意的人。

桑德斯上校是美国肯德基的创始人，在他创业的历程中，他也是用明朗的笑声和平和的态度迎接机会，并且取得成功的。

桑德斯退休后，经济状况曾一度极为糟糕，除了一张只有105美元的救济金支票外，他可以说是一无所有。这个时候，他意识到如果不尽快找到出路，生活的意义就会变成只能等待死亡，他开始思考自己能够挖掘的资源。突然，他想到了一份母亲留下的炸鸡秘方。于是，他开始一家一家地询问餐馆，希望能够以秘方入股，分取一定的报酬。然而，很多人都拒绝了他，有的甚至当面嘲笑他。

面对打击和嘲弄，桑德斯上校丝毫没有气馁，他一边修正自己的说辞，一边用心找出能把炸鸡做得更美味的方法，以便有机会说服下一家餐馆。终于，在两年时间里，被整整拒绝了1009次之后，桑德斯的提议被一家餐馆老板接受了。

多年过去了，这个始终微笑的老爷爷所创建的肯德基，已成为世界著名的快餐连锁企业，不断收获着财富和荣誉。

可以想象，要是桑德斯上校面带愁容地去向人介绍秘方，那么有谁会接受这个对自己都失去信心的老人的提议呢？要是他没有用这张可爱的笑脸去开路，我们又怎么能在大街上看到一家家肯德基店呢？

笑是一颗种子，让你在等待中收获甜美的果实；笑是一个友好的信号，让那些好事、机会源源不断地进入你的生活。

请检查一下自己的情绪仓库，当你每天带着它出门时，你究竟露出了什么样的表情？给自己和别人什么样的感受？请不要吝惜你的笑容，开朗地笑吧。

7.找个时间学做孩子

几乎一切伟人都用敬佩的眼光看孩子。孟子说："大人者，不失其赤子之心者也。"帕斯卡尔说："智慧把我们带回到童年。"在伟人的眼中，孩子的心智尚未被岁月扭曲，保存着最宝贵的品质，值得大人们学习。

很多人抱怨生活实在太累，太不容易！既要揣摩别人的心思，又不能被别人猜出你的想法，即使不喜欢这种虚假的生活，但还是要无奈地坚持。在这纷繁复杂的世界，我们需要停下来，留下片刻的时间学着做个孩子，像孩子一样思考，滤过事物外部的纷杂；像孩子一样看问题，看到事物单纯的本质。你会发现，世界总如阳光般明澈，原来棘手的问题是如此简单。

有一个匈牙利木材商的儿子，很多人都觉得他笨。有一天，他做了一个梦，梦见自己写的文章被诺贝尔看中了。他怕被人嘲笑，只将这个梦告诉了妈妈，妈妈高兴地告诉他上帝选中了他，他对此信以为真。从此，他真的喜欢上了写作。后来，他因为是犹太人而被送进了集中营，那儿每天都有人精神崩溃，而他靠着信念活了下来。

离开集中营时,他心中只有一个想法:"我又可以从事我梦想的职业了!"1965年,他写出了第一部作品;2002年,瑞典皇家文学院宣布将诺贝尔文学奖授予他——凯尔泰斯·伊姆雷。"我只知道,当你喜欢做这件事,并且多少困难都打不倒你时,上帝就会抽出身来帮助你。"他说。

像孩子一样执著地追求使他成功了。

很多时候,我们需要有孩子那种单纯的执著。当孩子看到一颗10克拉钻石和一个玻璃球时,孩子不会挑钻石,因为他认为玻璃球更好玩,仅此而已。

爱默生说:"任何事物都不及伟大那样简单,事实上,能够简单便是伟大。"孩童简单的思考是原始的思考,那超乎天地境界的思考也必定是简单的。学会像孩子一样思考,那种想法是那么简单,那么纯净,同时也是那么伟大。

有一次,前联合国秘书长安南在庄园里举行为非洲贫困儿童募捐的慈善晚宴,应邀参加的都是富商和社会名流。

"欢迎你们,除了工作人员,没有请柬的人不能进去。再说,这种场合也不适合你们进去,应邀参加的都是很重要的人士。"小露西被庄园入口处的保安拦住了。"叔叔,慈善不是钱,是心,对吗?"人们都为这个真正充满爱心的小女孩报以热烈的掌声。

与大人相比,孩子知识相对缺乏,但是他们富于好奇心和想象力,这些正是最宝贵的智力品质,因此,他们能够不受习惯的支配,用全新的眼光看世界;与大人相比,孩子缺乏阅历,但是他们诚实、坦荡、率性,这些正是最宝贵的心灵品质,因此,他们能够不受功利的支配,做事只凭真兴趣。

曾几何时,曾经感动过你的一切不能再感动你,吸引过你的一切不能再吸引你,甚至激怒过你的一切也无法再激怒你。你觉得生命平淡,心里苦恼,再也不能像孩子一样发现生活的美了。

一个母亲和他的孩子在大街上走着。突然,这个男孩对他的妈妈说:"我听见有一只蟋蟀在叫。你听到了吗?"

妈妈仔细地听了听后回答道:"没有,你一定是听错了。"

"不,我真的听到一只蟋蟀在叫。真的!我肯定!"

"现在到处是熙熙攘攘的人群,吵闹声、汽车喇叭声、出租车尖叫声……你怎么可能在这里听到蟋蟀的叫声!"

"我肯定我听到了的。"男孩一边回答,一边屏气凝神地搜寻着声音的来源。他们走过一个街的拐角,再穿过一条街道,然后四处寻找。最后,那个小男孩真的在一个小角落里发现了一只蟋蟀。

一颗童心,即使是在喧闹的大街上,也能听到自己想要的声音。有时,留住童心就等于留住了一个好的心态。

当你的耳朵听惯了数钞票的声音,听惯了上级的命令声,听惯了下级的恭维声,它对生活本身所隐藏的那些美妙声音的感受力就会变得无比迟钝;当你的眼睛戴上了有色眼镜,看到的就是满眼的灰色,生活中那美丽的彩虹怎么都无法进入你的视线之内。

其实,生活不是没有激情,青春不是已经流逝,而是你的心老了,不再有发现美的能力。如果一个人没有一点童心,他的生活一定充满了抱怨,充满了苛求。

哈利在火车站候车时,看到了一群孩子。这些孩子都缺了一条腿,他们正在艰难地往台阶上爬,有个男孩还必须靠人抱着上去,可他们所有的人都有说有笑。哈利对他们的笑声和快乐的心情感到非常吃惊,他跟一个带领这批孩子的人提到了这一点。"呵,是的,"那个人说,"当一个孩子发觉他一辈子将是个跛子时，最初会惊愕不已，但是，等他的惊愕消失之后，他就会接受自己的命运，于是就变得跟一般正常的孩子一样快乐。"

也许糟糕的境遇、贫困和厄运不能将你击倒，但是精神和心境的疲倦却能让一个人站不起来。本来活得好好的，各方面的环境都不错，但你却常常心生厌倦。当你工作着的时候，你渴望过一种自由自在、肆意放松的生活；当你真正无所事事时，你又企盼着工作时的那份充实和忙碌；等到工作时，你又会觉得还是不工作好，永远都不能像孩子一样对生活充满激情。

很多时候，迷茫和犹豫大都源自复杂的思考方式，唯有像孩子一样，才能还原生命的本色。在他们眼里，没有世俗，没有羁绊，有的只是纯净的快乐。像孩子一样，才能做回真实的自我。

只有停下脚步的人，才能窥见生命之美。停一停，望一望，生活的美丽便会进入你的视线。只要换一个思维方式，你就能看到不同的风景。

有时候，纯真点和简单点未尝不是一件好事。简单地思考问题，简单地生活，简单地用一颗纯纯的心来对待每一个人。孩提时，我们就像一张白纸，一片空白，没有任何涂鸦，所以思考问题的方式比较单纯，想得比较简单。但是随着年龄的增长，我们的阅历一天天丰富起来，受到各方面的影响越来越大，思考模式也渐渐变得复杂。思考一个问题，我们会想前想后、顾左顾右，会考虑到问题周边的每一个小细节，会设想问题产生的后果，会……解决一个问题，竟然需要这么多工序，有时顾多了反而会事与愿违。

孩子碰到不愉快的事时会怎么处理呢？

当孩子讨厌谁时，他会直接或间接告诉对方"我不想和你玩"；当孩子伤害了自己的朋友时，他会勇敢地说"对不起"，然后他们会和好如初；当孩子感到高兴时，他就会笑，才不管是在教室里课堂上；当孩子伤心时,他就会大声地哭,才不管家长在旁边劝了多久,但哭过之后又会马上忘掉……这就是孩子的方法,"幼稚"却纯真,"不讲道理"却不矫揉造作,"毫无顾忌"却让人容易理解接受。与此相比,我们考虑成熟的理性做法其实不过是为了维护我们可怜的"面子"以及"不想吃亏"的脆弱的自私心。我们用快乐去交换虚荣,用健康去换得金钱,这样的生活能有纯净的快乐吗?

长大了的我们,脑子复杂了,思维空间大了,却丢掉了宝贵的纯真。还记得《皇帝的新装》吗?那些愚昧的大臣们,那些胆小的百姓们,明明知道皇帝什么都没有穿,但是个个都不敢言,只有一个孩子喊着:"他怎么什么都没穿?"纯真的孩子道出了事实的真相,说出了大多数人不敢说的心里话。我们需要的不正是这样的纯真吗?

纯真你还有吗?悄悄地问问自己。失去了,别担心,慢慢把它找回来;若还保留着,记得要珍惜。让我们像孩子一样,用一颗纯真的心去生活,去工作,去享受。

8.为爱好留一片天地

匆忙中,很多人渐渐丢掉了曾经固守的最为保贵的爱好。曾有人如此感叹:"刚毕业的时候还在周末参加摄影采风,或者听个音乐讲座,为了自己的爱好。但现在一问起,大家的答案惊人地一致:'现在哪有时间啊?'"这样的现象让人心疼却无奈。

孟小五毕业于建筑大学,从大一开始,他就对镜头十分感兴趣,常在闲暇时用自己那部胶片式照相机去拍些商业楼盘。大二的时候,孟小五的父亲给他买了一部小数码相机，他走到哪就拍到哪。

　　大学毕业后，他没有立刻找工作，闲暇时间很多，所以就成了很多摄影论坛里的一员，论坛里有什么活动，他都会踊跃参加。因为所学专业的原因，他毕业后的第一份工作选择了给建筑行业做动画，当时第一个月工资开了2000元，发工资的第二天，他就额外添了800元，买了一个镜头。为了自己的爱好，他每月都甘愿成为"月光族"。

　　2009年，孟小五在摄影论坛里结识了他人生中最重要的两个朋友，一个也是摄影师，另一个是化妆师，共同的爱好和对摄影的相似理念，让他们走到了一起。很快，三个人一拍即合，合作开了一家以"时光"命名的照相馆。

　　他们的第一桶金是给一个楼盘拍商业片赚到的。当时客户非常满意地挑出了50张选用片，他们一天下来赚了15000元。看着挣来的辛苦钱，他们都激动得哭了。随后，他们的生意也越来越好。尽管事业刚起步，挣来的钱很快又投进了照相馆的发展中去，但是用孟小五话说："以玩养玩，我很满足。"

　　孟小五尝到了在爱好中工作的喜悦与幸福，但现实中，能够为自己的爱好工作的毕竟是少数。不过，那些无法选择爱好之路的人，并不意味着从此与爱好绝缘。相反，为爱好留一片天地，于工作或生活，都是重要的补充。

　　爱好是一种乐趣、一种情调，它能丰富人的精神世界，拓宽生命的边界。正因为有了多种多样的爱好，人生才能丰富多彩。爱好可以引导一个人寻觅与发现人生与社会之中许多未知与美好，甚至能成为人生的向导。在由爱好搭建起的生活空间里，我们可以自得其乐，尽情发挥。

　　有研究表明，有爱好的人更有热情、更有情趣，而且对事专心和执著。一个长期的爱好不仅对个人来说是心灵的寄托，也是朋友间联系的纽带。

爱好不是打发时间、可有可无的存在，它与生活质量乃至生活格调、人生境界都有关系。无论你所从事的工作与爱好是否一致，爱好于你而言都是一种抚慰，只有心中始终存有期盼和热爱，生活才能变得有滋有味。当然，这里提到的爱好并不是指一般的休闲娱乐活动，而是指足以让你喜爱、沉迷以及钻研的事物。

常常听到一些年轻人诉说生活苦闷、无聊，他们中有些人常到电影院或夜店去消磨空闲时间，但当夜深人散时，内心却生出加倍的寂寞和空虚。这是因为他们没有到心灵深处去寻求真正属于自己的那份爱好。

真正的爱好应该是在工作之余，打开琴盖，奏一支曲子；夜晚睡觉之前，掀开书页，读几篇好文章；内心苦闷之时，拿起笔，写一首小诗，或随意写下你心中要说的话；闲暇的时光中，打开颜料盒，把你窗前的一枝新绿描画下来……

健康的爱好，犹如生活的滋养剂，让人充分地享受人生的乐趣，帮助提高生活质量。只要自己乐意去培植，每个人的生命树上都可以开出最可爱的花，结出最甘美的果子。

工作再忙，也要给自己的爱好留一点时间和空间，因为这意味着给自己的精神和心灵留一点时间和空间。只有坚持爱好，精神才会有所寄托，心灵才会有所附着。

哈佛大学曾进行过一项调查，针对美国1500名学生，询问他们选择自己的专业是出于爱好还是为了赚钱。调查数据显示，245名学生表示是出于爱好，1255名学生回答是为了赚钱。这项调查累计进行了10年，目的是了解为了金钱和爱好而努力奋斗的两种人，他们最后各有多少人成了富翁。10年后的结果显示，245名学生中，因为爱好而奋斗的人中有100人成了富翁；而在1255名学生中，为了金钱而工作的人中，只有1人成了富翁。

在现实生活中，有的人为了成功放弃了自己其他的一切，到头来却一无所获；而许多孜孜不倦地为爱好而奋斗的人，却往往能心想事成。

现实中的名人或者各行各业的成功者，在其出色的本职工作之外，都坚持着或多或少的业余爱好，有的还被传为佳话。

周润发早在无线训练班时，就对摄影感兴趣。1997年，在迎接香港回归的一次大型影展上，周润发的姐姐周聪玲用化名拿了他拍的3张照片参展，结果，其中一幅以西红柿为全景的照片获得了三等奖。现在，周润发不管走到哪里都自带摄影器材，而且所拍照片都是自己亲手冲洗。他曾经对外宣称：老婆之外，他和摄影机的关系最密切。

文艺界里还有很多名人喜欢书法，如老一代的相声大师侯宝林、马季、姜昆，还有演员唐国强、张铁林等，乒乓球名将庄则栋的字也练得不错，体委不少人都求他写过横幅。

如果一时找不到这种文艺、技术方面的爱好，我们可以先从坚持参加运动做起，培养业余爱好。坚持参加运动不仅能增强体质，还可帮助驱逐不良情绪。适当健康的业余爱好不仅可丰富原本较为单调的生活，还能起到放松紧张情绪的作用。

青少年要注重和追求自己的深度爱好，因为不管他人怎么看，只要找到属于自己爱好范畴的东西，你就能真正达到享受的境界。需要注意的是，应该以放松的心态去面对业余爱好，不必事事争先。在这上面争强好胜，对自己与他人都不是好事。

做感兴趣的事，不论旁人是否赞许，自己都会由衷地感到快乐；做厌恶的事，即使很多人觉得那是享受之事，自己也会痛苦难耐。然而，兴趣的取向未必可靠，因为有的兴趣会妨碍人在世间的营生，也就是说，兴趣未必能当饭吃。在兴趣和吃饭不能兼得时，我们必须把兴趣转到业余，形成业余爱好。

但实际上，很大一部分人都不了解自己真正的爱好到底是什么，他们也分不清爱好与简单的欲望之间的区别。有的人可能会不断地发掘出新的爱好,有的人则本来就有多个爱好。不管怎样,最为重要的是,要能积极地对待潜在的爱好,确定核心的爱好,并且与爱好一同成长。为爱好留一片天地,你会发现自己的天地也变得宽广起来了。

9.深呼吸让你随时放松

深呼吸,又叫横膈膜呼吸,能够让我们更放松。这与我们处理紧急事物的本能反应正好相反。本能反应是身体遇到紧急情况时所做出的反应,比如一辆失控的汽车从前面突然向你冲来,在这种情况下,出于安全,你会迅速跳开;你的气息会加快(如急促地大口喘气),心跳会加速,血压也会升高,体内会充满肾上腺素和其他一些重要激素;你的瞳孔会扩大(这样你会看得更清楚),汗腺也会变得很活跃(这也是你会发热出汗的原因)。对于真正的紧急情况(如遭遇突然冲来的汽车)来说,这些反应当然是再好不过了。

而在放松反应中,你的生理系统与紧张反应几乎完全相反。你的呼吸变缓,心跳减慢,瞳孔收缩,汗液也少了。简单地说,就是身体从紧张的模式中放松了下来。

令人惊奇的是,我们可以通过改变呼吸方式来进入放松反应。因为呼吸是一种很特殊的活动,我们一般都是无意识地呼吸,不管你在做什么,沉睡也好,迎风起舞也好,我们的肺都在吸入氧气呼出二氧化碳。解剖学上称其为自动功能,如同心脏的运行一样,不用我们说"你那样做吧",它就会让血液在身体里欢快地循环,或者像肝脏分泌酶、肺自动吸入和呼出气体一样,自动地工作。

奇怪的是,虽然是自动地呼吸,但我们依然能控制它。也正因为如此,我们才能在潜入水下寻找珊瑚鱼时屏住呼吸,或在合唱时放慢呼吸以发出高音。此外,我们还能改变自己呼吸的特性,比如在"危机"之前,我们可以放慢呼吸获得片刻的宁静。

下面,给你的呼吸特性做一个实验吧,检测一下你呼吸的速度、节奏和感觉(急促还是缓慢)。

你可以坐着,也可以躺着,有意识地试着短促地浅呼吸几次(如果你患有哮喘、肺气肿或恐慌症,可以跳过这一练习)。简单的顺序是:你开始担忧,甚至过度担忧,可能你会注意到胸部和肩膀变得特别活跃。记住:不要运动得太快,在几秒钟之内做大量的呼吸会让你发晕。

现在回到正常的呼吸,接着长长地均匀地呼吸,然后更加放松地充分呼吸,最后进行腹部深深的呼吸。即使你不会横膈膜呼吸的技巧(可能你还需要更多的练习),但做完以后,你会立即觉得比先前更宁静了。当然,你还得经常练习深呼吸的技巧,在危机关头,深呼吸更管用。

深呼吸还有一个作用:它能改善我们呼吸的效果。其原理是这样的:当你呼吸时,氧气进入肺部并流向无数的肺泡和微小的气囊,这些微妙的薄膜被环绕在无数的血管中。在这里,氧气被传送到血液中,并通过动脉进入大脑、肌肉、神经和内脏,为它们注入活力。如果只是浅浅地呼吸,含有氧气的气流只会集中在肺上部2/3处,而这一部分的血液对肺的下半部来说根本不够用。因此,当浅呼吸时,你必须加快呼吸频率以获取足够的氧气。这意味着,与深呼吸相比,浅呼吸要求肺部和心脏必须更费力地工作。这样的结果是,你的脉搏跳动加快,血压也会升高。如果长期保持这种呼吸方式,你会感觉焦虑和疲惫。

但是,深呼吸会使氧气到达肺部深处,因此会有足够的血液把氧气传送到你身体的所有部位。这样,你的心脏在输出同量氧气的情况下,就可以更缓慢地跳动。心率放慢了,血压就会降下来。简要总结一下就是:少些压力在心头,少些疲劳在你身。

再从另一个角度来看,当你分别进行以胸式为主呼吸和以横膈膜式为主呼吸时，对比一下你每分钟和每天需要呼吸的次数。在第一种情况下，每分钟16～20次，或每天22000～25000次；在第二种情况下，每分钟6～8次，或每天10000～12000次。若两种呼吸达到了同样的效果，那么胸式呼吸要比横膈膜呼吸多费一倍力，而这部分是没有必要付出的额外劳动。

此外，浅呼吸时，你阻碍着血液中的空气，在低效地清理体内的排泄物——二氧化碳。血液中残留过度的二氧化碳会对血液的酸度产生不利影响。其结果呢？你会觉得又疲劳又紧张，简单直白地说，就是觉得有压力。

以上这些都是促使你做深呼吸的充分理由，而最好的理由就是你会感觉更好。

本章测试：

你是个知足常乐的人吗？

知足，就是对事情的状况感到满意。知足常乐，强调的是一种心态，是说要以正确的、平和的心态来对待宠辱得失。

知足心就静，心静自然乐在其中。

在这个物欲横流的社会，你能保持一个平和的心境吗？请按照实际情况来选择。

(1)你是否觉得自己被迫循规蹈矩？

A.是的，有时是这样

B.很少或从不

C.是的，我经常因为必须循规蹈矩而感到沮丧

(2)你是否喜欢自己的工作？

A.大多数时候是，但不总是

B.是的

C.基本上不是这样

(3)你认为下面哪个词是对你最好的概括？

A.安定的

B.感到满意的

C.不平静的

(4)你是否做了一些让你良心不安的事？

A.是的,有时候

B.很少或从不

C.是的,我在这方面很担心

(5)你对生活是否抱有一种轻松的态度？

A.是的,对大多数事情是这样。但是,有些事情很重要,不是那么容易放得下

B.总的来说,我的确是采取一种轻松的态度对待生活

C.我不认为自己是一个很轻松愉快的人

(6)你是否会因为自己的失败而拿别人出气？

A.偶尔

B.很少或从不

C.经常

(7)你是否感到自己的生日是在比较幸运的星座上？

A.也许我算比较幸运的

B.绝对没错

C.不

(8)你是否已经实现了人生的大多数抱负？

A.是的

B.我现在不能找出特定的抱负需要我去实现

C.完全不是

(9)你如何看待未来?

A.有一定程度的理解

B.如果顺利的话,会像现在一样继续发展

C.我希望将来会比过去和现在要好得多

(10)你拥有良好的睡眠吗?

A.我努力做,但不总是成功

B.是的

C.通常不太好

(11)你是否感到自己有自卑感?

A.可能,有时是这样

B.没有

C.是的

(12)你是否认为自己拥有忠诚和稳定的家庭生活?

A.总的来说是这样

B.毫无疑问

C.不是

(13)你觉得自己有没有充分享受自己的业余时间?

A.也许我的业余活动没有我希望的多

B.是的

C.没有,因为我没有时间参加业余活动

(14)你是否考虑过通过做整形手术来让自己变得漂亮一些?

A.可能

B.没有

C.是的

(15)如果让你回顾并且评价自己的人生,下面哪句话最适合?

A.基本上满意,但我认为自己还能够获得更多

B.我要感谢上天的恩赐,因为我人生的顺境要多于逆境

C.我多少会感到有些生气,因为我没有实现自己的人生价值

(16)你是否很容易休息放松?

A.有的时候容易,有的时候比较困难

B.很容易

C.一点也不容易

(17)你是否已得到人生中应该得到的大多数东西?

A.基本上是这样

B.我认为我得到了

C.我认为我没有得到

(18)你是否经常希望自己是另一个人?

A.不经常,但偶尔会认为有些人比我幸运

B.我从来没有认真考虑过

C.我经常希望自己是另一个人

(19)如果让你变换生活方式一年时间,你愿意吗?

A.在特定的情况下有可能

B.我认为我不会

C.是的,我会接受这样的机会

(20)你是否觉得机会总是从身边溜走?

A.有时

B.很少或从不

C.经常

(21)你嫉妒其他人的财产吗?

A.偶尔

B.很少或从不

C.经常

(22)你是否经常因为做得太少而沮丧?

A.有时

B.很少或从不

C.几乎始终是这样

(23)你是否渴望异乎寻常的假期，它可以让你完全逃避现实？

A.是的，有时候

B.假期是不错，但对我来说不是必不可少的

C.是的，经常这样想

(24)你是否嫉妒富人或名人？

A.偶尔

B.很少或从不

C.经常

(25)你对自己感到满意吗？

A.偶尔

B.经常

C.很少或从不

计分标准

选A得1分，选B得2分，选C不得分。

测试结果

少于25分：你对自己的生活不太满意。

也许你对没有实现自己的人生梦想或者已经精疲力竭而感到非常无奈和痛苦；也许你认为人生太过短暂，你没有足够的时间去做许多你想要做的事情；也许你实在不满意当前所从事的工作，而且在工作的时候你常常会想到许多你真正愿意做的事情；也许你正在经历人生中一个困难或紧张的时期，这种情况是我们每个人都可能遇到的。

如果情况确如上面所述，那么现在正是审视并评价自己人生的好时候，而且，你要特别注意积极的方面，扪心自问得到了什么。也许你拥有一份稳定而喜欢的工作和一个和睦的家庭，这本身就是一种成就；也许

你有一项喜爱的运动或业余爱好,而且可以倾注更多的时间从中享受乐趣……所有这些都是值得为之感激的,而不是失望的理由。

25～39分:你对自己的人生基本满意,尽管可能你还没有意识到这一点。

尽管你并不缺乏雄心壮志,但你不会为了追求这些目标而去冒风险,包括危及到你自己的快乐和现有的生活方式,以及那些和你最亲近的人。

但是,在你的内心深处,经常会有一种不满足感,因为你自认为可以获得更多,并且因此而多少感到有些遗憾。

尽管如此,你还是认为总的来说,自己的目标大部分已经实现,因此,没有理由做任何改变,哪怕许多其他人,例如父母、老师、朋友和同事都急切地告诉你应该怎样对待生活。毕竟,只有当这些目标对你来说很重要时,它们才算重要。因此,你才是自己的首席专家,你才有权决定自己人生的道路应该怎样走。

40～50分:你的得分表明你对自己的生活感到满意。因此,你可能拥有快乐和内心的安宁。正是这种快乐感染并影响了你周围的人,尤其是你的直系亲属。

你是很幸运的一类人,能够找到自己的小天地。你很懂得知足常乐,这正是许多人羡慕你的地方。

第 五 章

为心态寻得一份平衡

——衡量得失,学会舍弃

1.果断地放弃是一种明智的选择

人生实际上就是一个不断选择的过程,不同的选择会使人生轨迹发生不同的变化。

生活在五彩缤纷、充满诱惑的世界上,我们渴求的东西太多太多,但历史和现实生活告诉我们:必须学会选择,学会放弃!

选择对了,是成功的帆;选择错了,势必会南辕北辙。尤其是遇到追求的目标不可能实现时,果断地放弃是一种明智的选择。

一对师徒走在路上,徒弟发现前方有一块大石头,便皱着眉头停在了石头前面。

师父问他:"为什么不走了?"

徒弟苦着脸说:"这块石头挡着我的路,我走不过去了,怎么办?"

师父说："路这么宽，你怎么不绕过去呢？"

徒弟回答道："不，我不想绕，我就想从这块石头上迈过去！"

师父："可能做到吗？"

徒弟说："我知道很难，但是我就是要迈过去，我就是要打倒这块大石头，我要战胜它！"

经过艰难的尝试，徒弟一次又一次地失败了。

最后，徒弟很痛苦："我连这块石头都不能战胜，又怎么能完成伟大的理想呢？"

师父说："你太执著了，对于做不到的事，不要盲目地坚持到底，要知道，有时坚持不如放弃。"

执著过了分，就转变为固执。要时刻留意自己执著的意念是否与成功的法则相抵触。当然，追求成功并不意味着你必须全盘放弃自己的执著，而来迁就成功法则。你只需在意念上做合理的修正，使之符合成功者的经验及建议，即可走上成功的轻松之道。

理智地放弃自己无法实现的梦想，放弃盲目的追求，是人生目标的重新确立，也是自我调整、自我保护的最佳方案。学会放弃，给自己另辟一条新路，往往会柳暗花明。

他是个农民，但他从小的理想是当作家。为此，他一如既往地努力着。10年来，他坚持每天写作500字。每写完一篇，他都是改了又改，精心地加工润色，然后再充满希望地寄往各地的报纸、杂志。遗憾的是，尽管他很用功，可从来没有一篇文章得以发表，甚至连一封退稿信都没有收到过。

29岁那年，他总算收到了第一封退稿信，那是一位他多年来一直坚持投稿的刊物的编辑寄来的。信里写道："看得出你是一个很努力的青年，但我不得不遗憾地告诉你，你的知识面过于狭窄，生活经历也显得过于苍白。但我从你多年的来稿中发现,你的钢笔字越来越出色了。"

就是这封退稿信,点醒了他的困惑。他意识到,自己不应该对某些无望的事坚持到底。于是,他毅然放弃了写作,而练起了钢笔书法,果然长进很快。现在,他已是一个小有名气的硬笔书法家。

如果你以相当的精力长期从事一项事业,但仍旧看不到一点进步、一点成功的希望,那就不必浪费时间了。与其继续无谓地消耗自己的力量,不如去寻找另一片沃土。目标是一种方向,需要恰当地选择。假如你的一个目标发生了问题,就应当马上更换一个目标,这样才能挖掘你自己。

放弃,并不是让你放弃既定的生活目标、放弃对事业的努力和追求,而是放弃那些已经力所不能及、不现实的生活目标。

放弃不是退缩和隐藏,而是教你如何在衡量自己的处境后有的放矢,聪明睿智地做出正确的选择。

当人执拗于某一方面,如金钱、名誉、地位或某项工作时,往往会表现出只专注于此,而不考虑其他的情况。无论是生活的哪个方面,总战术是"鱼与熊掌兼得",什么都想要的人其实经常顾此失彼,甚至什么也得不到。在现实社会中,诱惑实在太多了,在诱惑面前,我们只有着眼于大局,把握自己不合理的欲望,适当放弃,对不应得的不存非分之想,才是明智的行为。

两千多年前,鲁国的大臣公仪休是一个嗜鱼如命的人。他被提任宰相以后,鲁国各地有许多人争着给公仪休送鱼。可是,公仪休却连正眼都不看,并命令管事人员不可接受。

他的弟弟看到那么多四面八方精选来的活鱼都被退了回去,很是可惜,就问他:"哥哥你最喜欢吃鱼,现在却一条也不接受,这是为什么?"

公仪休很严肃地对弟弟说:"正因为我爱吃鱼,所以才不能接受这些人送的鱼。你以为那些人是喜欢我、爱护我吗?不是。他们喜欢的是宰相手中的权力,希望这个权力能偏袒他们,压制别人,为他们办事。吃了人家的鱼,就要给送鱼的人办事,执法必然会有不公正的地方。不公正的事做多了,天长日久,哪能瞒得住人?宰相的官位就会被人撤掉。到那时,不管我多想吃鱼,他们也不会给我送来了,我也没有薪俸买鱼了。现在不接受他们的鱼,公公正正地办事,才能长远地吃鱼,靠人不如靠己呀!"

有一次,一个不知名的人偷偷往他家送了一些鱼,他无法退回,就把鱼挂在家门口,直到几天后鱼变得臭不可闻才把它们扔掉。从那以后,再也没有人敢给他送鱼了。

约束自己的得失之心,懂得为自己的所作所为负责,即使在无人知晓的情况下仍能自律的人,在人生道路上就能把握好自己的命运,不会为得失越轨翻车。

放弃,未必就是怯懦无能的表现,未必就是遇难畏惧、临阵脱逃的借口。有时候,放弃恰恰是心灵高度的跨越,是睿智思索的最佳选择。

2.最大的舍就是最大的得

人生在世,有许多东西是需要不断放下的。人的一生,就是一个不断学习放下的过程。

生活中,那些什么也不肯放下的人,往往会失去更珍贵的东西。

大学开学的第一天,教授给同学们上了别开生面的一课。他站在讲台上,平举着两手,没有说任何话。

所有的同学们都为教授的这一举动感到好奇。这时，教授说话了："同学们，你们看我的手里有什么东西吗？"

"没有。"同学们一起回答。

教授又问："我手上现在承受着多大的重量呢？"

"0克。"同学们异口同声地回答。

教授顿了顿又问："如果我的手一直以这样的姿势，10分钟后会发生什么事情呢？"

"什么事情都不会发生。"同学们回答。

"如果我的手这样托一个小时，会发生什么事情呢？"

"你的手臂会疼。"有一个学生回答。

"你说得对，"教授点了点头，"如果一直这样托一整天呢？"

"你的手臂会变得麻木，肌肉会严重拉伤和麻痹，最后肯定得去医院。"有同学在底下说道。

"是的，也许这样一整天后，我真的就得去医院了。但是，在这期间，我手上的重量变了吗？"教授问道。

"没有。"同学们一起回答。

"那么，在我的手臂开始疼痛之前，我应该做些什么呢？"教授问道。

同学们有些疑惑不解，这时，有个同学说："把手放下呀！"

"说得很对！"教授一边将双手放下，一边说，"在生活中，我们可能会遇到各种各样的问题，就像我刚才平举双手那样，时间长了，就会双臂麻木、肌肉拉伤，因此，我们要学习放下。生活中，之所以有很多人不开心、不快乐，就是因为他们没有学会放下。其实，人生就是一个学习放下的过程，放下对权力的执著，我们才能收获宁静和淡泊；放下对金钱的贪恋，我们才能收获安心和快乐；放下对他人的怨恨，我们才不会一直生活在痛苦中……只有学会放下，我们的心灵才会充满阳光和温暖，才能快乐地生活。"

就像这位教授所说:只有学会放下,我们才能让自己生活得更加幸福、快乐。可是现在的人,生活富裕了,烦恼却越来越多;收入增加了,快乐却越来越少。快乐与否只是一种感觉,烦恼的多少,主要取决于自己的心态。一个人能否生活得快乐与幸福,关键要看他是否学会了放下。

两个和尚外出化缘,路过一条河,在河边,他们看到一个女子看着河水发愁,他们过去一问才知道,原来那个女子要过河,可是河水湍急,她担心自己过不去。

这时,比较年长的和尚告诉她:"这样吧,女施主,我来背你过河。"女子同意了,由和尚背着过了河。过河后,女子对他们说了很多感激的话,然后就离开了。

之后,两个和尚继续赶路。年纪较轻的和尚说:"你太不像话了,佛门弟子,不应该亲近女色,而你却背着一个女子过河,这实在是有违门规。回去以后,我得把这件事情告诉住持。"年长的和尚听到这话以后大吃一惊,说:"你说什么呢? 我早就把她给放下了,你怎么还没放下呢?"

在人生旅途中,如果我们总是将成败得失、功名利禄、恩恩怨怨、是是非非都牢记在心,让那些伤心事、烦恼事、无聊事困扰着我们,那就相当于是背上了沉重的包袱、无形的枷锁,生活必然会很辛苦。此时,我们要做的,就是学会放下。放下功名利禄、成败得失,才能轻装上阵,才能在以后的生活中不为外物所累。

佛经上说,"如何向上? 唯有放下。"只有学会了放下,我们才能从容地面对生活的诸多变故,心灵才能云淡风轻。学会了放下,即使生活总是风生水起,我们的内心也依然可以波澜不惊。

对于放下,很多人有不同的看法。放下是一种随其自然的心态,人生总是在取舍之间,面对不同的选择,我们应该学会放下,学会满足,这是智者的心态,是成功的阶梯。人只有放下生活中不必要的东西,才能迈出洒脱的一步，活出自我的风采。

放下，是一种生活的智慧，也是一门心灵的学问。放下的过程或许很痛苦，但是疼痛之后却是轻松，你会活得更加从容。

3.放开错的过去，才能遇见对的爱情

"问世间情为何物？直叫人生死相许。"从古到今，剪不断理还乱的，仍然是一个"情"字。红尘中的男男女女，明明看起来头脑清醒、处事果断，可是一碰上感情，却总是抽刀断水水更流。

爱情中，在对的时间遇到对的人，是一种幸福，也是一种幸运。而世间，幸福和幸运并不总是眷顾每一个人。郎有情而妾无意，或是妾有意而郎无情，这样的现象屡见不鲜，于是，就有了世间痴男怨女的产生。

每一个经历爱情的男女，都多多少少会受到爱情的伤害。只是，在受伤的过程中，有的人选择了退却，选择了封闭自己的内心；而有的人，则选择让自己重生，选择安静地放开错的过去，重新等待对的爱情。

郭思雨和童浩波是大家公认的童男玉女。他们来自同一个城市，男的高大英俊，有修养，有学识，毕业后当了公务员；女的是系里的系花，活力四射，毕业后在一家杂志社做记者。两个人无论是外形还是经济条件都很般配。但相恋两年后，在即将结婚的前3个月，两个人却宣布了分手。

大家都忍不住问郭思雨："是童浩波不好吗？"

"他很好，好到我挑不出他的毛病。"郭思雨告诉朋友，如果她和童浩波结婚，那真的是一桩世人眼中最好的婚姻。在别人还要辛苦打拼的时候，两个人因为家里条件好，轻松地可以拥有房子、车子。面包、牛奶、爱情，一应俱全。

可郭思雨是一个有激情、有梦想的人，而童浩波是一个按部就班的人，他满足于现实生活的小情调，在郭思雨看来，有些不思进取。比如说，郭思雨买来一本不错的书，希望童浩波也能读一下，但他宁肯和同事吃吃喝喝打麻将，也不肯读一页。在童浩波看来，为了升官、晋级，吃喝搓麻将比读书重要，因为那样可以联络感情，读书却是白白浪费时间。

休息时，郭思雨喜欢去酒吧。她去那里不是为了喝酒，而是想要了解市井人生的百态，邂逅某些人生不可多得的故事。这样，她笔下的人物才会更丰满，更有血有肉。而在童浩波看来，那是风尘女子去的地方。他们之间因为一些观点不同而争执，但不会争吵，只会莫名其妙的谁也不理谁。

在郭思雨看来，这就是缘分尽了。

所以，他们分手了。

一年后，郭思雨有了新的男朋友，是一家报社的摄影记者。不久之后，他们就结婚了，婚后的生活也过得十分甜蜜。

一段看似唯美的爱情，未必能成就当事人眼中最好的婚姻。婚姻如鞋子，舒服不舒服只有自己亲自穿在脚上才能感觉得到。外人往往只看到表面的唯美，而忽视了鞋子的舒适性。

明白的人懂得放弃，真情的人懂得牺牲，幸福的人懂得超脱。对不爱自己的人，最需要的是理解、放弃和祝福，一味地自作多情只是在乞求对方的施舍。爱与被爱，都是让人幸福的事情，不要让这些变成痛苦。

智者，用他们所不能拥有的来换取他们所不能失去的。恋爱中的人也应该以智者的方式来经营自己的爱情，而不是一味地迁就、妥协，让爱情变质。

生活中，很多人都陷在鸡肋般的爱情里，不放手又味同嚼蜡，想放手又舍不得。抱住不适合自己的人不肯放弃，生怕在马上到来的情人节里单身一人顾影自怜，成为一个被"爱情"抛弃的人。岂不知，只要爱对了人，每天都是情人节。

一个女孩苦苦追求到了她喜欢的男孩，可后来的生活并没有她想的那么幸福。男孩对她很糟糕，忽冷忽热，经常对她发脾气，有时候还当着她的面和别的女人调情，通讯录里有一串暧昧者的手机号码，更有时候半个月没一个电话和短信。女孩的朋友都劝她离开男孩，可她就是舍不得，每次男孩说分手，她都哭着求他不要离开……

难道这是很多人所理解的专情吗？生活中就是有这样一些人，为了能和自己所喜欢的人在一起，"一哭二闹三上吊"，想以此挽留爱人。也许这留住了爱人的人，却留不住他的心。更有甚者，为了这而赔上了自己年轻而又灿烂的生命。

"专情"值得赞颂，可这并非是让你专一在一个错误的人和错误的爱情上。如果你在一份爱情里得到的都是伤心和背叛，而非快乐和幸福，那就说明你正在进行一份错误的爱情，你和对方的遇见和相恋本身就是一个时差的错误，不值得你去苦苦挽留。与其把一个同自己未来毫无关系的人放在心里，不如把心房清空，准备迎接下一个邂逅。你不放弃错的，又怎么能跟对的相逢？

请看清眼前，如果是下面几种感情中的一种，那你还是尽早放手吧，这样对谁都好。

(1)你在乎对方比较多。

你在谈恋爱，却不确定对方的想法；你觉得你们很合适，他（她）好像不以为然；他（她）不在时你很想他（她），你不在时他（她）好像没差别……这些表示什么？二人若不同心，岂能同行？

恋爱中，有时候会有一方爱另一方较多的情形。若是在健全的感情中，会有交替的现象，两人轮流扮演追求和被追求的角色；但如果有一方总是扮演追求者，这样的感情就是不健全的，长久下去，你会对爱饥渴，会觉得受对方控制，进而感到愤怒、痛苦。

(2)你爱的是对方的潜力。

你爱的是对方的潜力，是对方未来可能的样子，而不是对方真正的样子，那他(她)根本就不是你想找的伴侣，而是你改造的对象。问问自己，如果对方50年内都不会改变，你会满意吗？如果你一直希望能改变对方，才觉得比较满意，那就不是爱，而是赌博，用双方的快乐做赌注。

你跟一个人交往时，要爱和尊重对方的本相，而不是他(她)未来的样子。你可以期望他(她)继续成长，但你必须满意他(她)现在的样子。

(3)你想要帮助对方。

你常觉得对方很可怜吗？你觉得自己有责任帮助对方振作起来吗？你会不会害怕如果离开对方，他会受不了打击？如果是，你恐怕是个"救难狂"。"救难狂"不会去找一个合适的对象，而会找一个令他同情、想要帮助的对象。这样的感情更像是一项救援任务，而不是健全、平衡的感情。担任救援任务的人，往往是把同情误以为爱。

这里要牢记的关键是"尊重"，你爱的对象必须是你能够尊重的人，你必须以对方为荣，你的伴侣不要你的救援，而是要你真正了解他(她)。

(4)把对方当作崇拜的对象。

年轻的女明星爱上导演，大学生爱上教授，秘书爱上老板……爱上所崇拜的对象，这种感情很难维持平衡，因为两人之间无法平等相处。这里的平等不是指地位，而是指态度，不能过度崇拜对方。会爱上崇拜对象的人，通常缺乏自信心，他们觉得自己很糟糕。

你若不能爱自己，又怎么去爱别人？

(5)你只是被对方的外表吸引。

每个人都会这样，对吗？如果你发现自己被对方的某个特质深深吸引，请问自己，若对方没有那双蓝色的大眼睛、磁性的声音，若对方不是模特儿，不会打篮球……我还会跟他(她)在一起吗？

(6)短暂朝夕相处的机会。

你和对方分担某个工作，常常要一起加班，于是你觉得爱上了对方；你去度假3周，认识了一个也来度假的人，你觉得好像坠入了情网。短暂的朝夕相处，是指在特殊情况下凑在一块，并不是常轨，这种感情不能持久，因为短时间的朝夕相处，无法使你完全了解对方的个性。

(7)为了叛逆才选择这对象。

父母老是跟你强调要找个有钱的对象，偏偏你每个男朋友都是穷光蛋；从小父母就对你管教严格，偏偏你每个女朋友都很随便。如果你所选的对象老是令父母生气，很可能你只是想叛逆，你觉得一定要做些什么来反击。当你不能控制自己的选择时，说明你并不是真心爱对方，这段感情注定没有结果。

(8)对方不是自由身。

"自由身"就是可以自由和你交往，没有结婚，没有订婚，没有固定的交往对象，只和你交往的人。

如果你爱上的那个男人答应会早点和另一个女人分手，或者你爱的那个女人总是和别的男人不清不楚，抑或对方答应跟你在一起，却不愿和现在的伴侣分手……这些都不是自由身。

别和已婚或有对象的人交往，不管是什么借口，结果都一样，你注定要心碎。别忘了，你只是接收了另一个人用剩的部分。

4.勇敢地面对"患得患失"并克服它

日常生活中，我们常常会犯患得患失的错误。面对一个机会，明明是平日里非常想要得到的，但是在难得的机会面前，我们却逃避了，害怕了,不想承担,完全忘记了自己以往想念时候的苦闷,既不能坦然面对"失",又不能豁然正视"得"。

《圣经》中有一个约拿的故事。约拿是一个非常虔诚的基督徒,他一直都希望可以得到神的重用。然而,上帝却好像忽视了他,一直没有给他任务。为此,约拿常常觉得怅然若失。一天,上帝终于满足了约拿的愿望,给了约拿一个任务,让他去宣布赦免一座本来要被毁灭的城市尼尼微城。可是,对于这个崇高而且是自己一直都想要得到的使命,约拿却害怕、犹豫了,他觉得自己不行,他没有信心扛起这个一直都想得到的"心愿"。于是,约拿逃跑了,他放弃了这个任务,抗拒他一直都敬仰的神所安排的任务。上帝到处寻找他,惩戒他,不断地唤醒他……约拿几经反复和思考,终于战胜了心中的矛盾,出色地完成了任务。

在现实生活中,或许我们也会像约拿那样,不能坦然地看待事情。我们总是太在意事情外在的东西,过多地沉浸在自己的内心世界,肆意驰骋,纵使已经和现实脱轨,也不愿走出来,不愿正视事实。纵使我们知道自己的这种心理是不正确的,却也无法战胜。我们就和约拿一样,既害怕得不到,也害怕得到。

可是,在上帝的感召和引导下,约拿最终战胜了自己的畏惧心理,战胜了自己患得患失的心理,取得了成功。所以,我们也可以丢掉自己患得患失的心理包袱,勇敢地面对人生世事。

只要摆正自己的位置,忠于内心的声音,患得患失就将不复存在。

从前,有一个名叫后羿的人,他箭法精准,能够百步穿杨,而且不管是立射、跪射还是骑射,他的箭几乎从没偏离过靶心。人们都非常佩服他,他神射手的名声就传到了夏王的耳朵里。

一天,夏王将后羿召进宫中,想亲眼看看他的精彩表演。后羿被带到了夏王御花园的开阔地，那里设有一个一尺见方、靶心直径一寸的兽皮箭靶。

这对后羿来说根本不算什么。可是，就在后羿准备射箭的时候，夏王说："为了给这次表演增加一点竞争气氛，我来给你定个赏罚规则。如果先生能够射中，我就赏赐你万两黄金；但是如果你射不中，那就会减你一千户封地。"话毕，往日沉稳、镇定的后羿发生了几分变化，脸色凝重，心慌意乱。他沉重地取出一支箭，犹豫上弓，慢慢举起，摆好姿势，拉弓，瞄准。可是，后羿却良久不射，想到自己这一箭的关键性，他拉弓的手也变得不自信了，微微颤抖；瞄准的眼睛也不够闪亮，怅然失神；原本坚定的心也开始摇摆，乱了节奏……

"啪"的一声，后羿失手了，箭离靶心几寸远，糟透了。第二箭，更是偏得离谱。后羿勉强赔笑，告辞离宫，心中无限失落。

夏王也非常失望，本想欣赏百步穿杨的精彩画面，谁知后羿的表现却大失水准。

夏王的大臣解释道："后羿平日射箭，随心而射，一颗平常心让他百射百中。可是，今天他的行为却攸关切身利益，所以影响了神射的技术。看来，人只有真正将外在利益看淡，才可成为名副其实的神射手啊！"

后羿其实就是现实的映照。当我们面临对自己非常重要的事物时，通常都会因过分在意结果而导致不能发挥出平日应有的水平，甚至大失水准。

患得患失既是一个人成功的大忌，也是一个人幸福生活的大忌。一旦我们产生患得患失的心理，就会忧心忡忡，不知所措；一旦我们产生患得患失的心理，就不可能用平常心对待，这样当然难有所为。

人常说：输不起，就别玩。可是，人生的道路不可能让我们选择不玩，所以，我们必须要输得起。只有输得起，人生路才能走得更好，才能玩得更快乐。

　　拥有了输得起的心态,你就能淡看一切,一心一意地做自己的事情,如此,输了也不怕,输了也可以站起来。现任国家射击队总教练的王义夫曾说:"我们都是在成败的反复交替当中成长起来的。我输得起,输得起就赢得起。"

　　人生就像一场赌局,只有输得起的人才敢于挑战精彩的人生,才不会畏畏缩缩地对待成败,才能够承受来自各个方面的压力,才能够更从容地应对一切,保持清醒的头脑,不管是面临挑战还是面对失败,都可以"赢"得人生。

　　在比赛场上,如果输赢心思太重,就会影响发挥,让人变得缩手缩脚、心理失衡,这样很难取得好成绩。赛场上,比的不光是你的技术,还有你的心态。越是渴望胜利,越是赢不了。输不起的人,永远也不能潇洒地赢。

　　2004年雅典奥运会,由于李小鹏脚上有伤,中国男子体操队小将均被委以重任。滕海滨就是其中之一,他像前辈杨威一样担任了4项重要的任务。可能是由于压力过大,得失心太重,滕海滨在自己的前3个项目中每每失误,造成了严重的后果,使中国男子体操团队卫冕冠军无望。面对记者的采访,滕海滨显得非常无奈和黯然神伤,他也深深自责地说道:"我一个人的失误导致了整个团体的失败,使我们团体4年的努力付诸东流,我感觉很对不起他们。"

　　看到重压下的队员,教练黄玉斌没有责怪什么,因为他懂得滕海滨的失误是由多种原因造成的,其中最重要还是因为他的好心办坏事:太想成功,太想弥补前一场的失误。于是,教练想方设法帮他调整心态,费尽心机帮他走出"输"的阴影。最终,滕海滨不负所望,恢复了信心和平常心,潇洒、利落地完成了第4项鞍马比赛。由于他整套动作完美流畅,征服了裁判,得到了9.837的高分,超过了3届世锦赛冠军罗马尼亚老将乌兹卡,得到了他体操生涯中的第一块奥运金牌,也是中国体操队在雅典奥运会上的第一块金牌。据悉，帮助滕海滨走出失误、自责阴影和建立无穷信心的法宝是教练无限重要的3个字：放开打。

　　是的，放开打。当我们太看重得失，就会走入心理误区和状态死角，很难潇洒自如地做动作，冷静地思考问题，专心地做自己，这样，我们要面临的就一定是失败。但是，失败并不是真正的结果。世间有结果，也没有结果。漫漫人生路，我们不能够沉浸在失败的阴影中不能自拔。面对比赛时，平常心就好；当我们输了，不要再输就好。只有我们拥有输得起的精神，才能不被打倒。

　　"怕什么，来什么。"或许就是这个道理。切记：不怕输，才能够更好地赢。勇敢地面对"患得患失"，并想方设法克服它，只有这样，你才能有所作为。

5.放下不是失去，而是为了更好地拥有

　　每个人的心灵空间都是有限的，要想装下更多美好的东西，就需要丢弃一些不必要的内容。只有这样，你的心灵才不会有太多的负累。

　　很多时候，我们之所以紧紧地抓住某个东西，迟迟不愿松手，是因为我们害怕，一旦放手，我们就会失去。实际上，放手并不等于失去，相反，它能让你更好地拥有。放弃之后，你会一身轻松，太阳是全新的，外面的世界是全新的，那些旧的阴霾都已经消散，迎接你的是美好的明天。

　　从前，有两个农夫，他们每天都要翻过一座大山去耕地。有一天傍晚，他们在回家的路上发现路边有两大包棉花，两人喜出望外，如果将这

两包棉花卖掉，足可使一家人一个月衣食无忧。于是，两人马上各自背了一包棉花，匆匆赶路回家。

走着走着，其中一个农夫看到山路上竟然有一大捆布。走近细看，竟是上等的丝绸，足足有十几匹。欣喜之余，他和同伴商量，一同放下背负的棉花，改背丝绸。

可是同伴却不同意，他认为自己背着棉花走了这么一大段路，到了这里丢下棉花，岂不枉费了自己先前的辛苦？不管他怎么劝，同伴都不听。没办法，这个农夫只好自己放下棉花，背起丝绸，跟同伴继续前行。

又走了一段后，背丝绸的农夫看到树林里有东西在闪闪发光，走近一看，竟然是黄金。农夫心想，这下真的发财了，于是赶忙要同伴放下肩头的棉花，改背黄金。

但同伴仍然坚持要背着棉花，以免枉费先前的辛苦，并且怀疑那些黄金不是真的，劝他不要白费力气，免得到头来空欢喜一场。

最后，发现黄金的农夫用丝绸包了两包黄金，然后和同伴一起回家。

快到家的时候，天突然下起了瓢泼大雨，两个人无处躲藏，全身都淋透了。更不幸的是，背棉花的农夫背上的大包棉花吸饱了雨水，压得他喘不过气来，而且浸水的棉花也没人愿意要了。无奈之下，农夫只好丢下一路辛苦背来的棉花，空着手和挑金子的同伴回家去了。

不可否认，不放弃是一种良好的品性，但问题是，如果你所坚持的目标是错误的，而你仍要奋力向前，迟迟不愿放手，那就叫愚蠢。在错误的道路上，过分坚持会导致更大的错误。成功者的秘诀是随时检查自己的选择是否出现了偏差，并合理地调整目标。放弃无谓的坚持，你才能轻松地走向成功。

因此，我们要学会灵活地看待放弃和选择。

诺贝尔奖得主莱纳斯·波林说："一个好的研究者应该知道发挥哪些构想，丢弃哪些构想，否则，会浪费很多时间在无用的事情上。"

很多时候，人们只看到了放下时的痛苦，却忘记了不放下所可能带来的更大的痛。电影《卧虎藏龙》里有这样一句很经典的话："当你紧握双手，里面什么也没有；当你打开双手，世界就在你手中。"只有懂得放弃，才能在有限的生命里活得充实、饱满。

有一位名叫迈克·莱恩的英国人，他十分热衷于探险。1976年，他随英国探险队成功登上了珠穆朗玛峰，在下山的路上，一行人遭遇了暴风雪。在恶劣天气的影响下，他们每向前一步都极其艰难。而最令人担忧的是，暴风雪根本就没有停下的迹象。更可怕的是，他们的食品已所剩不多，如果停下来扎营休息，他们很可能会在没有下山之前就被饿死；如果继续前行，大部分路标早已被大雪覆盖，极有可能迷路。而且，每个队员身上所带的增氧设备及行李已经压得他们喘不过气来，这样下去，步履会更加缓慢，登山队员即使不被饿死，也会因疲劳而倒下。

在整个探险队陷入迷茫的时候，迈克·莱恩建议大家丢弃所有的随身装备，只带一些食物轻装前行。他的这一建议几乎遭到了所有队员的反对。他们认为，现在离下山最快也要10天时间，这意味着这10天里不仅不能扎营休息，还可能因缺氧而使体温下降，以致冻坏身体，这将使他们的生命陷入极其危险的境地。

面对队友的顾忌，迈克·莱恩很坚定地告诉他们："我们只能这样做，这场暴风雪极有可能持续很长一段时间，如果再拖延下去，路标会被全部掩埋。丢掉重物，我们就不会再有任何幻想和杂念。只要我们坚定信心，徒手而行，就可以提高行走速度，这样我们还有生的希望！"最终，队员们采纳了迈克·莱恩的意见。一路上，大家相互鼓励，忍受疲劳和寒冷，不分昼夜地前行，结果只用了8天时间就到达了安全地带。

直到他们下山，暴风雪依旧没有停止。这时，队员们都暗自庆幸自己当初的决定。

多年后，英国国家军事博物馆的工作人员找到迈克·莱恩，请求他赠送一件与英国探险队当年登上珠穆朗玛峰有关的物品,收到的却是莱恩因冻坏而被截下的10个脚趾和5个右手指尖。

因为当年迈克·莱恩的决定,他们的登山装备无一保存下来,留下来的只有那些冻坏的指尖和脚趾。这是博物馆收到的最奇特也是最珍贵的赠品。

"放下",不是说什么都不要,而是说你要清楚自己究竟要什么,要多少。

利奥·罗斯顿是美国好莱坞最胖的电影明星,他的腰围有6.2英尺,体重385磅,走几步路就会气喘吁吁。医生曾多次建议他注意节食,减少演出,如果再为金钱所累,将会危及生命。但罗斯顿却不以为然地说:"人到世界只有短暂的几十年,我虽然有很多钱,但我还是要拼命地继续挣下去,因为我太喜欢钱了。"

罗斯顿不但没停下挣钱的脚步,还更疯狂地到世界各地演出挣钱。1936年,罗斯顿在英国伦敦演出时,突然晕倒在舞台上,人们手忙脚乱地把他送到伦敦最著名的汤普森急救中心,经诊断,他是因心力衰竭而导致发病。紧急抢救后,他虽勉强睁开了眼睛,但生命依然危在旦夕。尽管医院用了当时最先进的药物和医疗器械,最终还是没能挽留住他的生命。弥留之际,罗斯顿断断续续说出了一句话:"你的身躯很庞大,但你的生命需要的仅仅是一颗心!"

汤普森急救中心院长、世界著名胸外科专家哈登眼睁睁地看着罗斯顿闭上双眼而自己却无能为力,不由得黯然垂泪,十分惋惜地说:"罗斯顿醒悟得太迟了。"

为警示后人,哈登院长决定把罗斯顿的临终遗言镌刻在院中心接待大厅的醒目处。从此,凡来这里就诊的病人,第一眼就可看到那条醒目的警示语。很长一段时间,警示语确实起到了警示作用。

转眼47年过去了,那条警示语虽然还醒目地保留在汤普森急救中心大厅的墙上,但罗斯顿却已渐渐淡出了人们的记忆,心脏病患者也有增无减,而且已成为威胁人类生命的头号杀手。

时间到了1983年夏天,汤普森急救中心接收了一名危重病人,他是美国石油大亨默尔。几天前,他来英国谈一笔很重要的生意,忽然晕倒在谈判桌前,随行人员紧急把他送到这家医院救治,诊断结果也是心肌衰竭。但重病中的默尔并没忘记自己的生意,不但包下了急救中心的一层楼,还安装了联络总部和分部的电话及传真机,以便一边接受治疗,一边忙碌地向各地发出道道指令。主治医生多次劝他,让他一定要静心休养,千万不能劳累,否则随时都会发生致命的后果。但默尔依然我行我素,医生也无可奈何。

那天,默尔散步来到院中心的接待大厅,发现了墙上那条警示语,情不自禁停住了脚步,聚精会神地默念了起来,然后让随行请来主治医生,询问这条警示语的来由。医生原原本本给他讲了事情的来龙去脉。默尔听完后,顿时陷入了沉思,又在那条警示语前驻留了一个多小时,才神情凝重地缓缓离开。

回到病房,他首先命令随从撤掉了所有电话和传真机,接着又指示公司财务部,让他们迅速核查账目,说他出院后有大事要办。

一个月后,默尔痊愈出院。他回到公司做的第一件事,竟是卖掉苦心经营资产已达数千万美元的公司,之后便带上家人,去了苏格兰乡下的一栋别墅,过起了逍遥自在的世外桃源生活。

默尔的特殊举动,顿时引起了外界的种种猜测,媒体更是对此兴趣十足,纷纷提出采访他的要求,期盼解开这个谜底,但都被默尔断然拒绝了。

后来,人们还是在默尔的自传中得到了答案。在自传的结尾有这样一段话:"这个世界上,不知有多少人日夜在为金钱财富拼命,挣到了百万还想挣到千万,达到了千万又想挣到亿万,一门心思聚敛钱财。到头来,自己究竟得到了什么呢? 我之所以要这样做,只不过是汲取罗斯顿的教训罢了,他的临终遗言'你的身躯很庞大,但你的生命需要的仅仅是一颗心',让我大彻大悟。但我还要加上自己的感悟:富裕和肥胖没什么两样,不过是获得超过自己需要的东西罢了。多余的脂肪会压迫人的心脏,多余的金钱会拖累人的心灵,多余的追逐会增加生命的负担。要想活得健康和自在一点,就必须尊重自己的生命,舍弃那些'多余'的财富。"

　　如果你发现自己也被某些"东西"压得喘不过气,你有一个再清楚不过的选择:放下一些。不是为了失去,而是为了更好地拥有另一些。

　　第一,放下光环,是为了追求更好的未来。

　　乔丹,篮球界的一个奇迹,他是全世界人们最为耳熟能详的篮球运动员,曾经获得过无数辉煌的成绩。那么,他是如何从一个名不见经传的普通球员成长为国际球星的呢?

　　在乔丹还是个不太知名的普通球员时,有一次,他所在的球队取得了一场比赛的胜利。和同伴们一样,乔丹也沾沾自喜地畅说着自己内心的喜悦,而一旁的教练却显得相当冷静。他把乔丹叫到一旁,用十分严肃的口气对他说:"你是一个优秀的队员,可是在今天的比赛场上,我不得不说,你发挥得极差,完全没有突破自己,你离我想象中的乔丹还差很远。你要想在美国篮球队一鸣惊人,就必须时刻记住——要学会自我淘汰,淘汰掉昨天的你,淘汰自我满足的你,否则,你无法寻求到完善的心……"

　　听了教练的话,乔丹惭愧极了,他将这些话铭记于心,时刻激励着自己。在不懈的努力下,乔丹的球技得到了迅速提升,他也得以加入芝加哥公牛队。后来,他又成为了全美国乃至全世界家喻户晓的"飞人"。日后,乔丹曾多次表示过,自己取得的成绩离不开教练当初的那一席话,是教练让他明白必须忘记过去的辉煌,才能更加集中精力应对眼前的事情。即便在他已经成为篮球巨星的时候,他依然不忘用当初的那些话来提醒自己。

失败不是成功的最大敌人，自满才是。自满之人的路很短，因为当别人还在继续向前跑的时候，他却以为自己已经到达了终点，完全不知道自己被远远地抛在了后面。所以，我们要做的，也是最不容易做到的，那就是把自满淘汰，把沉浸在昔日辉煌成就中的心淘汰，不断为自己充电，使自己能够有足够的资本再造辉煌。

第二，放下辉煌，是为了创造更多的奇迹。

袁隆平，"杂交水稻之父"，曾获国家科技进步一等奖。科学家做到袁老这样已是相当成功了，就此退休享福也无可厚非。但袁老却踏上了新的征程，继续研究杂交作物。

一生有一个奇迹，够吗？袁老的努力告诉我们：远远不够。科学的探索永无止境，人生的奇迹无穷无尽。只是大多数人容易自我满足，认为已经成功便不需再努力，才使得"奇迹"成为奇迹。

班超有很高的文学天赋，却毅然投笔从戎；孙文曾是一名成功的医生，却转而建立中国同盟会；鲁迅曾想以一己之力治疗病患，却意识到拯救人心乃当务之急……他们曾经经历成功，本来也可以就那样平稳度过余生，但他们放弃了那些光环，勇敢地追寻人生的真正意义。

6.永远不要为曾经放下而后悔

一个少年挑着一担砂锅匆匆赶往集市。路过一条狭窄的山路时，几个砂锅掉在地上摔碎了，可少年却头也不回地继续前行。路人喊住少年："你的砂锅摔碎了。"少年回答："我知道。"路人又问："那为什么不回头看看？"少年说："已经碎了，回头何益？"说罢继续赶路。

正如我们的人生，走过的那一段已经无法重新开始，不管你再怎么惋惜、悔恨，也无法改变既定的事实。与其在痛苦中挣扎，不如重新找一个目标，再一次奋发努力。不要为过去的失败而做无谓的自责和叹息，学会放弃才是一种真正的超越，一种真正的战胜自我的强者姿态。

一位有着多年临床经验的心理医生撰写了一本医治心理疾病的专著。有一次，他受邀到一所大学讲学。课堂上，他拿出了厚厚的著作，说："这本书有1000多页，里面有3000多种治疗方法、100000多种药物，但所有的内容其实只有4个字。"

说完，他在黑板上写下了"如果，下次"。

医生接着说："很多时候，造成人们精神消耗和折磨的就是'如果'这两个字。'如果我考进了大学'，'如果我当年不放弃他'，'如果我当年换了其他的工作'……这些是我这么多年来听到最多的话语。治疗心理疾病的方法有很多，但最终的办法只有一个，就是把'如果'改成'下次'——'下次我有机会再去进修'，'下次我不会放弃所爱的人'……只有这样，人们才能真正地从痛苦中走出来。"

很多时候，影响一个人幸福的，并不是物质的贫乏或丰裕，而是一个人的心境。如果把自己的心浸泡在对旧事的后悔和遗憾中，痛苦必然会占据整个心灵。

卡耐基先生有一次造访希西监狱，对狱中的囚犯看起来竟然和世人一样快乐感到很是惊讶。典狱长罗兹告诉卡耐基："犯人刚入狱时都甘愿服刑，并尽可能快乐地生活。"这时，卡耐基看到有一位花匠囚犯在监狱里一边种着蔬菜、花草，一边轻哼着歌。他哼唱的歌词是："事实已经注定，事实已沿着一定的路线前进，痛苦、悲伤并不能改变既定的形势，也不能删减其中任何一段情节。当然，眼泪也于事无补，它无法使你创造奇迹。那么,让我们停止流无用的眼泪吧!既然谁也无力使时光倒转,不如抬头往前看……"

卡耐基听完,终于明白了这些人快乐的原因。

令人后悔的事情在生活中经常出现:许多事情做了后悔,不做也后悔;许多人遇到后悔,错过了更后悔;许多话说了后悔,不说也后悔……人生没有回头路,也没有后悔药。过去的已经过去,你再也无法重新设计。后悔,只会消弭未来的美好,给未来的生活增添阴影。

只要你心无挂碍,什么都看得开、放得下,何愁没有快乐的春莺在啼鸣?何愁没有快乐的泉溪在歌唱?何愁没有快乐的白云在飘荡?何愁没有快乐的鲜花在绽放?所以,放下就是快乐,不被过去纠缠,人生才能幸福。

"圣雄"甘地在行驶的火车上,不小心把刚买的新鞋弄掉了一只,周围的人都为他惋惜。不料,甘地竟立即把另一只鞋也从窗口扔了出去,这让人惊讶不已。甘地解释道:"这一只鞋无论多么昂贵,对我来说都已经没有用了。如果有谁捡到一双鞋,说不定还能穿呢!"

很多人都有过某种重要的物品丢失的经历,但很少有人能像甘地这样豁达,究其原因,就在于没有调整好心态去面对失去,没有从心理上承认失去,总是沉湎于已经不存在的东西。事情既然已经过去,不论你捶胸顿足或者痛哭流涕,都不会对既定的事情产生影响。既然如此,那就应该向前看,因为明天、未来才是你最需要考虑的。

有一位哲人说过:"世界上没有跨越不了的事,只有无法逾越的心。"这个心一旦被自己封闭起来,就会变成"心域",它不但会限制我们的潜质,更会影响我们对幸福的体悟。

对每个人来说,生活的航船一直在继续向前行驶,一直在演绎着痛苦、欢乐、奋斗的人生历程。我们不能总活在过去,前面还有很多事情等着我们去完成。

(1)找出那些消极的思想,不要让这些思想总是盘旋在你的脑海中。最好能把它一次排除,或者写在纸上,以后再去解决。

(2)客观地看待事实。分析自己每一个消极思想的谬误,换一种角度或者换一种身份来分析整个事件,或许你会发现自己真的好傻。

(3)大事化小。要善于把大事情变成小事,而不是把小事放大成大事。把复杂的情节简单化,事情解决起来就会轻松许多。

(4)以合理的思想代替自暴自弃的思想。这是一种非常有效的方法,有利于人们建立起自信心,并把所有的忧郁一扫而光。

7.学会豁达,解脱得失之心的困扰

如果是主动舍弃,或许人们的烦恼不会有那么多,偏偏生活中有很多东西是被迫舍弃的。于是,很多人常常会因为失去一些曾经拥有的东西而无比心痛,或者因过去的某个过错而一直耿耿于怀,不肯轻易原谅自己。

但一味地追悔过去,只会令自己困在一个死胡同里,进而让事情变得更糟糕,让自己的内心永远得不到安宁。正如莎士比亚所说:"一直悔恨已经逝去的不幸,只会招致更多的不幸。"

想不为过去的种种而烦恼,唯一的方法就是学会豁达。

豁达的人在遇到困境时,除了会本能地承认事实,摆脱自我纠缠之外,他还有一种趋乐避害的思维习惯。这种趋乐避害,不是为了功利,而是为了保持情绪与心境的明亮与稳定。这也恰似哲人所言:"所谓幸福的人,是只记得自己一生中满足之处的人;而所谓不幸的人,是只记得与此相反的内容的人。"每个人的满足与不满足,并没有太多的区别差异;幸福与不幸福相差的程度,却会相当巨大。

仔细观察分析一个心胸豁达的人,你往往会发现,他的思维习惯中有一种自嘲的倾向。这种倾向,有时会显于外表,表现为以幽默的自嘲方式来摆脱困境。

自嘲是一种重要的思维方式。每个人都有许多无法避免的缺陷,这是一种必然。而不够豁达的人却总是拒绝承认这种必然。为了满足这种心理,他们总是紧张地抵御着任何会使这些缺陷暴露出来的外来冲击。久之,心理便变得十分脆弱。一个拥有自嘲能力的人却可以免于此患,因为他能主动察觉自己的弱点,并觉得没有必要去尽力掩饰。

从根本上来说,一个尴尬的局面之所以形成,只是因为它使你感到尴尬。要摆脱尴尬,走出困境,正面的回避需要极大的努力,但自嘲却为豁达者提供了一条逃遁出去的轻而易举的途径——那些包围我的,本来就不是我的敌人。于是,尴尬或困境就在概念上被取消了。

豁达也有程度的区别,有些人对容忍范围之内的事会很豁达,但一旦超出某种极限,他就会突然改变,表现出完全相异的两种反应方式;最豁达的人,则具有一种游戏精神,能不断将容忍限度扩大。

一个身经百战、出生入死、从未有畏惧之心的老将军解甲归田后,以收藏古董为乐。一天,他在把玩最心爱的一件古瓶时,不小心差点脱手,吓出了一身冷汗。他突然感到疑惑:"当年我出生入死,从无畏惧,现在怎么会吓出一身冷汗?"片刻后,他悟通了:"因为我迷恋它,才会有忧患得失之心,破了这种迷恋,就没有东西能伤害我了。"遂将古瓶掷碎于地。

豁达者的游戏精神,即是如此。既然他把一切视为一种游戏,尽管他同样会满怀热情,尽心尽力地去投入,但他真正欣赏的,只是做这件事的过程,而不是目的,如此,他也就解脱了得失之心的困扰。

有一个人,他的性情并不是很开朗奔放,但他对待事情时几乎从不见有焦躁紧张的情绪出现。细细观察体会,原来他有一些与众不同的反应方式。比如,当他发现钱包被小偷偷走时,只会叹息一声,继而问起丢失的相关证件的补办手续。一次,他去参加电视台的知识大赛,闯过预赛、初赛,进入了复赛。正洋洋得意时,他却收到了复赛被淘汰的通知书。为此,他只是发了几句牢骚,几个小时后就兴致勃勃地拜师学起了桥牌。

事实一旦来临,不管它多么有悖于心愿,都是事实。大部分人的心理会在此时产生波动抗拒,但豁达者的兴奋点会迅速地绕过这种无益的心理冲突区域,马上转到"下面该做什么"的思路上去。

这堪称是一种最大的心理力量。生活中我们常常为自己失去的东西难过,甚至明知已不可挽回,也不肯让自己去积极地排解。其实,在许多豁达者的眼中,任何一种失去都会诞生一种选择,任何一种选择都将有新的机会。失去了一些以为可以长久依靠的东西,自然会难过,但其中却隐藏着无限的祝福和机会。失去的时候,向前看,永远向前看——过了黑夜就是黎明。

如何做个豁达的人呢? 你要记住三个要点,并不断提醒自己。

(1)上一刻归咎于回不来的过去。

时间是一件神奇的东西,它雕刻生命的年轮,推移事态的变迁,是最有效的疗伤良药,也是最无情的过客。世界上没有谁能够左右时间,过去的一切都会随时光定格在过去的某一时间刻度,无法超前,更无法错后。上一刻的悲伤或是快乐,对你来说,都只是生命中一个个小小的符号,无法更改它们。所以,与其回望过去,不如专注于现在。

(2)把过去的痛苦和光辉放进历史。

过去的痛苦曾经让我们身心疲惫,甚至令我们深感屈辱。但是我们

127

应该懂得，过去的已经过去，未来的影像是由我们现在的思想所决定的，更是由现在的行动所创造的。将过去的痛苦锁进生命的历史，踏上新的征程，打造未来，才能获得成功，感受快乐。走出曾经的光环，就算它再夺目，那也是属于过去的。专心于你的现在和未来，你的人生之路会更加绚丽。

(3)并非人人都是爱我的。

我们没有必要去喜欢自己认识的每一个人，因此，也没有权利要求所有人都喜欢自己。别太在意别人的眼光，走自己的路，让别人说去吧！人要有一颗豁达之心，即便得不到别人的认可，也照样可以活出自己的风采，对自己的每一天负责，相信自己能够做得很好。

第 六 章

保持淡定心态

——做内心强大的自己

1."修剪"欲望,让生活变简单

压力太大,会将我们压垮;欲望太多,也会将我们压垮。

欲望出自于人的本能,太过于压制并不是什么好事。但如果欲望扰乱了我们的心神,让我们不得安宁,就应该"修剪"一下它。

在东京西郊有一座寺院,因为地处偏远,香火一直不旺。后来,这里来了一位新住持。这位住持很奇怪,刚到寺院就开始修剪寺院周围那些杂乱无章、恣肆张扬的灌木。其他僧侣不知住持意欲何为,问他,他却总是笑而不答。

一天,有一位富翁路过此地,住持接待了他。喝完茶之后,住持陪富翁四处转悠。行走间,富翁问他,人怎样才能清除掉自己的欲望?住持微微一笑,给了他一把剪刀,说道:"只要反复修剪这些树,你的欲望就会消除。"富翁照着做了。一炷香的时间过去之后,富翁感觉身体舒展轻松了很多,可是平日堵在心头的那些欲望好像并没有放下。住持淡然地告诉他,经常修剪就好了。

从那以后,富翁每隔一段时间就会来寺院修剪灌木,直至把灌木修剪成了一只大鸟的形状。后来,住持问他是否已懂得了如何修剪心中的欲望。富翁诚实地告诉他,虽然每次修剪的时候都能气定神闲、了无挂碍,但是回到生活圈子之后,心中的欲望依然会膨胀到几乎失控。住持叹到,"施主,其实我建议你来修剪灌木,只是希望你每次修剪前,都能发现原来剪去的部分又会重新长出来。这就像我们的欲望,不可能完全把它消除,我们能做的,就是尽力把它修剪得更美观。放任欲望,就会像这满坡疯长的灌木一样丑恶不堪。只有经常修剪,才能使它们成为一道悦目的风景。对于名利,只要取之有道、用之有度、利己惠人,它就不应该被看作是心灵的枷锁。"

富翁大悟。此后,越来越多的香客开始来到这里修剪"欲望",寺院周围的那些灌木也变得越来越美丽壮观了。

太多的欲望会成为心灵的负累,使人失去心灵上的自由,如果再任由它如野草般疯长,必定会把原本清净与安宁的空间全部挤占,让自己变成欲望的奴隶,陷入越来越多的烦恼与不安之中。

禁欲是极端,纵欲也是极端。剪去狂躁,才能冷静处事;剪去虚浮,才能脚踏实地;剪去过多的贪欲,才能保持清醒……剪去这些杂乱的枝干,才能拥有一颗宁静的心、一颗奋斗的心和一颗愉悦的心。

一天傍晚,两个非常要好的朋友在林中散步。这时,有位僧人从林中惊慌失措地跑了出来,两人见状,便拉住那个僧人问道:"你为什么如此惊慌,到底发生了什么事情?"

僧人忐忑不安地说:"我正在移植一棵小树,忽然发现了一坛子黄金。"

两个人感到好笑："这僧人真蠢,挖出了黄金还被吓得魂不附体,真是太好笑了。"然后,他们问道:"你是在哪里发现的,告诉我们吧,我们不害怕。"

僧人说:"还是不要去了,这东西会吃人的。"

两个人异口同声地说:"我们不怕,你就告诉我们黄金在哪里吧。"

僧人告诉了他们埋藏黄金的地点。两个人跑进树林,果然在那个地方找到了黄金。

其中一个人说:"我们要是现在把黄金运回去,不太安全,还是等天黑再往回运吧。这样吧,我留在这里看着,你先回去拿点饭菜来,我们在这里吃完饭,等半夜时再把黄金运回去。"

于是,另一个人就取饭菜去了。

留下的这个人心想:"要是这些黄金都归我,那该多好呀!等他回来,我就一棒子把他打死,这样,这些黄金不就都归我了?"

回去的那个人也在想:"我回去先吃饭,然后在他的饭里下些毒药。他一死,黄金不就都归我了吗?"

回去的人提着饭菜刚到树林里,就被另一个人从背后用木棒狠狠地打了一下,当场毙命。然后,那个人拿起饭菜,狼吞虎咽地吃了起来。没过多久,他的肚子里就像火烧一样疼,他这才明白自己中了毒。

临死前,他心里暗想:僧人的话真的应验了,我当初怎么就不明白呢?

欲望就像是一条锁链,一个牵着一个,永远不能满足。贪欲会把人带向罪恶的深渊,让人失去理智。贪字头上一把刀,人的内心一旦被贪欲吞噬,那他必将被其毒害。

人生如同一条河流,有其源头,有其流程,当然也有其终点。不管流程有多长,终究都会到达终点,流入海洋。那么,在我们活着的时候,有什么欲望是一定非要满足不可的呢？为什么要让欲望恣意滋生呢？

欲望是人痛苦的根源，因为欲望永远不能被满足。我们要做的是尽量将自己的生活简单化，减少对物质的过多依赖，简简单单的生活会让人觉得神清气爽。当然，我们不能要求每个人都做到清心寡欲，但至少我们可以在简化自己生活的过程中，减少自己的欲望。

当生活越简单时，生命反而会越丰富。少了欲望的羁绊，人们越是能够从世俗名利的深渊中脱身，感受到自己内心深处的宽广和明净。因此，每一个人都应懂得修剪自己的欲望。

2.名利像玩具，千万别拿它当真

世人正是因为对名利的贪爱才不忍舍己救人，也因此而产生了无尽的烦恼，一个不热衷名利的人甚至会被当成异类。殊不知，唯有不被名利束缚的人才能窥见名利背后的生活的多极。

名利像玩具，千万别拿它当真。

很久以前，有一个年轻的剑客，他喜欢到处向成名的剑客挑战。因为他的剑术高超，所以顺利地击败了所有的对手。

年轻的剑客听说在某地住着一位有名的剑客，传说他是一位传奇人物，剑术绝妙，无人能敌。

于是，好胜的年轻剑客决定去向这位名剑客挑战。历经千辛万苦，他终于在一个山村里见到了这位名剑客。

年轻剑客原本以为自己见到的会是一位相貌堂堂、气质出众的大人物，谁知对方竟是一个不修边幅、长相普通的老人，而且又瘦又小，一点也没有剑客的威风。更出乎他意料的是，老人的剑已经锈得无法再从剑鞘中拔出来了。

面对年轻剑客的挑战，老人毫不理睬，只管低头吃饭。当时正是盛夏，屋子里有好多苍蝇在嗡嗡乱飞，老人连眼皮都没有抬起，伸手便用筷子从空中夹住了4只苍蝇，一字排开放在桌上，然后继续吃饭。

年轻剑客看得目瞪口呆，他的骄傲瞬间消失得无影无踪，他意识到自己的剑术根本不可能胜过这位老人。后来，他拜老人为师，潜心修炼，几年之后，他的剑也同样锈在了鞘里。

剑是锈了，可是心境却更澄明了。

真正的争斗不是去打败别人，而是战胜自己。只会用身外物和别人一较高低的人，其实并不明白真正有价值的是什么。

玛丽·居里出生在波兰华沙，1891年进入巴黎大学学习，1893年和1894年分别取得了物理学硕士和数学硕士学位。1895年，玛丽·居里与皮埃尔·居里结婚，开始了对放射性元素的研究。1898年7月，他们发现了一种新元素，命名为钋。同年12月26日，他们又发现了一种比铀的放射性要强百万倍的新元素镭。但是当时还没有实物来证明镭的存在，科学界对他们的发现表示怀疑，没有机构愿意提供实验室给他们做研究，居里夫妇只好在一个简陋的大棚子里做实验。

历经4年的艰辛提炼后，他们终于从8吨沥青铀矿渣中提取出0.1克纯镭，价值超过1亿法郎。这不仅赢得了科学界人士的普遍认可，也使居里夫妇成为了核物理学的奠基人，并因此共同获得了1903年诺贝尔物理学奖。

1907年，居里夫人提炼出了氯化镭。1910年，她测出了氯化镭的各种特性，并以《论放射性》一书成为放射化学的奠基人。"由于对科学的执著与贡献"，居里夫人于1911年获得诺贝尔化学奖。

正是这样一个在科学领域上享有盛名的居里夫人，生活却极为简朴。曾有一位记者要采访她，当来到一所简陋的房子前，记者看到一个衣着简朴的妇人正赤脚坐在台阶上洗衣服，他过去询问居里夫人的住处，当那妇人抬起头时，记者大吃一惊，原来她就是居里夫人。

当初发现了镭之后，居里夫妇讨论如何处理那些请求他们告诉提炼镭的方法的信件，整场交谈在5分钟之内就结束了。居里先生说："我们必须在两个途径中选择一个，一是无偿公开镭的提炼方法……"居里夫人说："这样很好，我赞同。"居里先生说："二是将提炼方法申请专利，以后任何人想提炼镭都要经过我们的同意，并且我们的孩子可以继承这一专利。"居里夫人不假思索地说："这违背了科学精神，我们还是选第一个办法吧。"就这样，他们向世人公开了镭的提炼方法和其他相关资料。

有一位女性朋友去居里夫人家里拜访她，发现他的小女儿正拿着英国皇家科学院颁给居里夫人的金质奖章在玩儿，朋友大吃一惊，问道："你怎么能把这么宝贵的东西给孩子玩儿呢？"居里夫人回答："我想让孩子从小就懂得，荣誉就像玩具，只能玩玩而已，绝不能永远守着它，否则就将一事无成。"

居里夫人以高尚的情操和献身科学的精神教育孩子，她的女儿瑞娜后来也成为了一名科学家，并像母亲那样获得了诺贝尔奖。

"一个人不应该与被财富毁了的人结交来往。"这是居里夫人的名言，而她也正是这样做的，不让自己被名誉和财富毁掉。当初那价值超过1亿法郎的0.1克纯镭，对于生活极其朴素的居里夫人并没有造成任何影响，她坦然地将这0.1克镭无偿赠给了实验室，这份视名利如浮云的豁达实在令人赞叹。

正是因为居里夫人懂得名利就像玩具，偶尔拿来玩玩可以调剂生活，但若是抱住不撒手，生活反而会被它给毁了，所以她才能头脑清楚地将名利放在一边，在科学研究中享受莫大的人生乐趣。

谢先生在一家工艺品店看到了一副对联,青花瓷字,镶在两片大板上,显得很突出,字体属草书,约是清朝中叶烧制的。问价钱,不便宜,他心想以后再说吧。过了半年,又路过那家工艺品店,青花瓷字对联还在,谢先生又问了一次价钱,比原来要便宜一些,但他还是觉得有点贵,摸摸看看,许久才下决心离开。

又过了几个月,谢先生整理家具时想到了那副对联,于是,他又来到了工艺品店。

谢先生一进店就看见对联还放在那里,他又一次问价,老板微笑着说了一个价格,谢先生实在讶异,顺口又问:"怎么比第一次开的价钱少一半?"

因为实在是喜欢这副对联,价格又合适,谢先生这次毫不犹豫地就买下了。他将对联带回家,挂在客厅里,中间是达摩祖师的画像,右联"有忍乃有济",左联"无爱即无忧",远看近看都庄重,谢先生十分喜欢。

谢先生从此与老板熟悉了起来。有一次,谢先生说:"古董业有行无市,胡乱开价,不大好吧?"

老板说:"没错,物件买卖总是如此,有人爱就有人抬。告诉你,那一副对联原价比卖给你的多一倍,知道为什么吗?"

谢先生摇摇头,老板说:"有的商人看准了顾客的心理,这个时期,爱情都买得到,何况是物件?所以啊,爱而不忍,只得花钱当冤大头。你说的有行无市,正是这样造成的。"

"对不起,"谢先生插话,"我想知道,你为什么愿意将对联便宜卖给我?我并不特别,只是很平凡的一个人。"

老板哈一声:"就是了,我也是平凡人。问题是,现在有太多自以为了不起的人,平凡人反而少见呢。"

谢先生一时无语。老板去换茶叶,茶壶空着,谢先生顺手拿来看,吃了一惊,茶壶是清朝的古董。老板将一捧茶叶放进茶壶,漫不经心地说道："看出来啦？别玩儿茶壶，假货多，真货贵，让那些有钱人去玩儿吧，过几天也许就卖出去了，你不妨多看几眼，但不必问价钱。"

老板倒水入壶："我说呢，你做个参考吧，玩古董跟做人一样。记得，无忍则无济，有爱即有忧，这是倒过来思考，不是大哲理，却是很多人做不到的。"

几个月之后，谢先生再去那家店，发现店已关闭了，邻居说老板已经去世了。一个30岁左右的妇人说："他啊，怪人啦！连钱都不爱，乐天乐天的，生前卖掉了所有的古董，然后不久就去了。不太了解他，奇怪，问他做什么？"

看看世间，有多少人正把玩具当成自己真正的人生死守不放呢？

3.心里、眼里都无财富的挂碍

能安于贫贱的人是有福之人，因为他们心里无财富的挂念，所以活得潇洒；而能在富贵中保持清心寡欲的更是有福之人，因为他们心里、眼里都无财富的挂碍，所以活得幸福。

人们总是很容易被金钱迷惑双眼，在欢乐的日子里想不到痛苦的一面，唯有超卓的人才不至于堕落。

一位老居士的家中生了一个男孩，长得英俊端庄，父母非常疼爱。这孩子从小就聪明异常，和一般的小孩子完全不同。他在无忧无虑中快乐地度过了黄金般的童年。

居士家中的这个孩子，有着高人一等的智慧。虽然他生长于安逸的环境中,但仍能了解人生的痛苦和罪恶。因此,他在成年以后,就辞亲出家成了比丘。

有一次,比丘教化回来途经森林,遇到了一队商人,他们到外乡经商路过此地。当时已是傍晚,夕阳西下,商人们准备扎营住宿。比丘看到这些商人以及大小的车辆载着大量货物,并不关心,只管在离商队营帐不远的地方徘徊踱步。

这时从森林的另一端来了很多山贼,他们打听到有商队经过,就想乘夜幕降临以后劫掠财物。但当他们靠近商营的时候,却发现有人在营外漫步。山贼怕商队有备,所以想等所有人都睡熟之后再动手。然而,营外巡逻的那个人却通宵不入营休息。天已渐亮了,山贼因无机可乘,只得气愤地大骂而走。

正在睡觉的商人们被外面的吵闹声吵醒,便跑出来看,只见一大队的山贼手执铁锤木棍往山上跑去,营外有一位出家人站在那儿。商人惊恐地走向前去问道:"大师! 您见到山贼了吗?"

"是的,我早就看到了,他们昨晚就来了。"比丘回答说。

"大师!"商人又向前问道,"那么多的山贼,您怎么不怕? 独自一个人,怎能敌得过他们呢?"

比丘心平气和地说道:"见山贼而害怕的是有钱人,我是一个出家人,身无分文,我怕什么? 贼所要的是钱财宝贝,我既然没有一样值钱的东西,无论住在深山或茂林里,都不会起恐惧之心。"

比丘的话使众商人顿时醒悟过来,他们认识到了自己的凡俗。对不实在的金钱,大家肯舍命去取得,而对真实的自由自在的平安生活,反而视若无睹。于是,他们决心跟着这位比丘出家修行。从此,他们体会到了这个世间苦空的意义,把无常的钱财带在身边,实际是一种拖累。

中国有句古话:"人生有三宝,妻丑、薄地、破棉袄。"

因为贫穷,人才无恐惧心;因为贫穷,人才有上进心。艰难困苦是人生的一笔财富，它可以化无形为有形，并告诫你时刻保持冷静、清醒，正确对待有形的财富。

无财是一种福气，能很好利用财富的人同样享有这种福气。佛陀所说的断掉各种贪欲，并非是说让人变得无情无欲，而是说要消除人的不合理的、过分的、有碍身心健康的欲望，从而完善人生，使人生更加幸福。

4.宠亦泰然，辱亦淡然

身居繁华都市的人，追求寂寞平静的田园生活；而身在林深竹海的乡人，却很是向往灯红酒绿的都市生活。

其实，平静是福，真正生活在喧嚣吵闹、充满谎言的都市中的男女，可能更懂得平静的弥足珍贵。与平静的生活相比，追逐名利的生活是那么不值得一提。

心灵的平静是美丽智慧的珍宝，它来自于长期、耐心的自我控制，心灵的安宁意味着一种成熟的经历以及对于事物规律的不同寻常的了解。

人人都向往平静，然而，生活的海洋里却因为有名誉、金钱、房子等在兴风作浪而难得宁静。许多人整日被自己的欲望所驱使，好像胸中燃烧着熊熊烈火一样，一旦受到挫折，一旦得不到满足，便好似掉入寒冷的冰窖中一般。生命如此大喜大悲，哪里有平静可言？人们因为毫无节制的狂热而骚动不安，因为不加控制欲望而浮沉波动。只有明智之人，才能够控制和引导自己的思想与行为，才能够控制心灵所经历的风风雨雨。

是的,环境影响心态,快节奏的生活、对环境无节制的污染和破坏,以及令人难以承受的噪声等都让人难以平静,环境的搅拌机随时都在把人们心中的平静撕个粉碎,让人遭受浮躁、烦恼之苦。然而,生命的本身是宁静的,只有内心不为外物所惑,不为环境所扰,才能做到像陶渊明那样身在闹市而无车马之喧,这就是所谓的"心远地自偏"。

一个人如果能丢开杂念,就能在喧闹的环境中体会到内心的平静。

有一个小和尚,每次坐禅时都感觉有一只大蜘蛛在他眼前织网,无论怎么赶都不走,他只好求助于师父。师父就让他坐禅时拿一支笔,等蜘蛛来了就在它身上画个记号,看它来自何方。小和尚照师父交待的去做,当蜘蛛来时,他就在它身上画了个圆圈,蜘蛛走后,他便安然入定了。

当小和尚做完功一看,发现那个圆圈竟在自己的肚子上。原来,困扰小和尚的不是蜘蛛,而是他自己,蜘蛛就在他的心里,因为他心不静,所以才感到难以入定。正像佛家所说:"心地不空,不空所以不灵。"

平静是一种心态,是生命盛开的鲜花,是灵魂成熟的果实。平静在心,在于修身养性。只要有一颗平静之心,平静无处不在。追求平静者,能心胸开阔,不为诱惑,坦荡自然。

如果你每天骑着单车上下班,回家到菜市场购物一番,之后做几盘可口的家常菜,和家人孩子一起享受天伦之乐,那你应该感到庆幸,因为你平淡的生活充满了幸福。

这个世界有太多的诱惑、太多的欲望。一个人若想以清醒的心智、从容的步履走过岁月,他的精神中必定不能缺少淡泊。虽然我们渴望成功,渴望生命能在有生之年划过优美的轨迹,但我们需要的是一种平平淡淡的快乐生活,一份实实在在的成功。这种成功,不必努力苛求、轰轰烈烈,不一定要有那种"揭天地之奥秘,救万民于水火"的豪情,只需一份平平淡淡的追求,足矣!

生活，并不是只有功和利。尽管我们必须去奔波赚钱才可以生存，尽管生活中有许多无奈和烦恼，然而，只要我们拥有一颗淡泊的心，量力而行，坦然自若地去追求属于自己的真实。能做到宠亦泰然，辱亦淡然，有也自然，无也自在，如淡月清风一样来去不觉。这样的生活，不是要轻松得多吗？

有了这份平淡的处世心态，你就会在简简单单的生活中快乐地生活。当你忙里偷闲与爱人、孩子一同去逛公园、看电影或搞一次野炊时，你会发现，生活其实有很多内容。我们大可不必为了一个出国名额而彻夜不眠，也不必为了一次职位的晋升而寝食难安。在平日忙碌而充实的生活中，你的忙碌能带来收获；你岗位平凡，但你乐在其中；你斗室而居，但衣食自足。你普通，普普通通如一颗草；你平凡，平平凡凡如一朵花，但你同样可以骄傲，默默绽放的花朵也能芳香怡人。

也许，你没有辉煌的业绩可以炫耀，没有大把的钞票可以挥霍，但你拥有淡泊，这就已经是人生求之难得的幸福了。诸葛亮有言："非淡泊无以明志，非宁静无以致远。"淡泊是一种真我，一种英雄本色。追求淡泊者，生活的道路上永远开满鲜花，永远芳香四溢；追求名利者，生活的道路上会遍布陷阱，只能在生命终结的一刹那体会到稍纵即逝的一丝快乐。

人生的大戏不可能永远处于高潮，平平淡淡才是真。拥有淡泊之心，便能拨云见日，体会到生活的真正内涵，否则，只能在生活的边缘徘徊，舍本逐末。

学会淡泊，拥有淡泊，你就能在当今社会愈演愈烈的物欲和令人眼花缭乱、目迷神惑的世相百态面前神宁气静，你就能抛开一切名缰利索的束缚，在人生的大道上迈出自信与豪迈的步伐，让心灵回归到本真状态，从而获得心灵的充实、丰富、自由、纯净。

5.人生苦短，不要为小事烦恼

著名的心灵导师戴尔·卡耐基认为，许多人都有为小事斤斤计较的毛病。人活在世上只有短短几十年，却浪费了很多时间，去愁一些一年内就会被忘掉的小事。

1945年3月，罗勒·摩尔和其他87位军人在贝雅SS318号潜艇上。当时，他们的雷达发现了一支日本舰队，于是，他们向其中一艘驱逐舰发射了3枚鱼雷，但都没有击中，这艘驱逐舰也没有发现他们。但当他们准备攻击另一艘布雷舰的时候，这艘布雷舰突然掉头向潜艇开来(是一架日本飞机看见了这艘位于60英尺深的潜艇，用无线电告诉了这艘布雷舰)。他们立刻潜到150英尺深的地方，以免被日方探测到，同时也准备应付深水炸弹。他们在所有的船盖上多加了几层栓子，同时为了沉降保持安静，他们关闭了所有的电扇、冷却系统和发动机器。

3分钟之后，突然天崩地裂，6枚深水炸弹在潜艇四周爆炸，把摩尔等人直往水底压——深达276英尺的地方，他们都吓坏了。按常识，如果深水炸弹在离潜艇17英尺之内爆炸的话，潜艇中的人几乎必死无疑。那艘布雷舰不停地往下扔深水炸弹，攻击了15个小时，其中有十几个炸弹就在离他们50英尺左右的地方爆炸。潜艇中的军人都躺在床上，试图保持镇定。但罗勒·摩尔却吓得不敢呼吸，他在想："这回完蛋了。"电扇和空调系统被关闭之后，潜艇中的温度升到了近40度，但摩尔却全身发冷，穿上毛衣和夹克衫之后依然发料，牙齿打颤，身冒冷汗。

15小时之后，攻击停止了，显然那艘布雷舰在炸弹用光以后就离开了。这15小时对摩尔来说，感觉上就像有1500年之久。期间，他过去的生活一一浮现在眼前，他想到了以前所干的坏事，所有他曾担心过的一些无稽的小事。

在他加入海军之前，他是一个银行的职员，曾经为工作时间长、薪水太少、没有多少机会升迁而发愁；他也曾经为没有办法买自己的房子，没有钱买部新车子、没有钱给妻子买好衣服而忧虑；他非常讨厌自己的老板，因为这位老板常给他制造麻烦；他还记得每晚回家的时候，自己总感到非常疲倦和难过，常常跟妻子为了一点儿芝麻小事吵架；他也为自己额头上的一块小伤疤发愁过。

多年以前，那些令人发愁的事看起来都是大事，可是在深水炸弹威胁着要把他送上西天的时候，这些事情看来又是这么荒唐、渺小。就在那时候，摩尔向自己发誓，如果他还有机会见到明天的太阳，就永远不会再忧虑。他认为在潜艇里那可怕的15小时里所学到的，比他在大学读了4年书所学到的要多得多。

针对人们都有烦恼的习惯，卡耐基给出了一些富有哲理的法则：

(1)生命太短暂，不要再为小事烦恼。

(2)当我们害怕被闪电击倒，怕所坐的火车翻车时，想一想发生的概率，会把我们笑死。要懂得闲暇时抓紧，繁忙时偷闲。

(3)对必然的事轻快地承受，就像杨柳承受风雨、水接受一切容器一样。

(4)如果我们以生活来支付烦恼的代价，支付得太多，我们就是傻瓜。

(5)当你开始为那些已经过去的事烦恼的时候，你应该想到这个谚语：不要为打翻了的牛奶而哭泣。

的确，生命太短暂。尤其在步入30岁之后，那种早晨刚睁开眼，转瞬间已近黄昏的变化会让人感到恐惧。世上有那么多有待我们去欣赏和感受的美好，哪还有时间去为那些明天注定要被遗忘的事情烦恼呢！

6.欢乐和痛苦从来就是一体

冰心说："生命中不是永远快乐，也不是永远痛苦，快乐和痛苦是相生相成的。好比水道要经过不同的两岸，树木要经过常变的四季。在快乐中，我们要感谢生命；在痛苦中，我们也要感谢生命。快乐固然兴奋，苦痛又何尝不美丽？"要记住：不是每一道江流都能入海，不流动的便成了死湖；不是每一粒种子都能成树，不生长的便成了空壳。

生活始终是一面镜子，照到的是我们的影像，当我们哭泣时，生活在哭泣；当我们微笑时，生活也在微笑。

人应该学会享受，而不能总是操心劳作。享受生活有着两种不同的方式，一种是享受快乐，一种是享受痛苦。也许有人会问痛苦怎么享受呢？当一个人经历太多痛苦后，蓦然回首，这难道不是一份宝贵的财富吗？而拥有这种财富不是一种享受吗？品味痛苦，是品味那串串汗滴流下时的艰辛；享受快乐，是享受擦干汗滴时的惬意。

享受生活，不是享受钱财、地位、权势。生活的味道各种各样，酸甜苦辣，五味杂陈，只有细细地品味才能学会享受。只有学会享受生活，你才能用平和的心情去面对，面对生活，面对朋友，面对社会，乃至面对世界。

当你快乐时，你要意识到快乐不是永恒的。犹如盛筵过后，客宾散尽，换下华服，生活依然要回归简单，回归平淡。

当你痛苦时，你更要意识到，痛苦也不是永恒的。聪明的人会将痛苦转化为奋斗的动力，在未来无数的日子里，努力拼搏直到达成所愿。

是啊，这世上有哪个人的生活不是忙碌而又坎坷的呢？人生并非尽如人意，也许你和我一样，常常感受到生活中有太多难以排解的无奈和缺憾。也许是梦想得不到实现，也许是得到的离你所期待的相去甚远，但是我们总是能够在这样的无奈中坚持着。我们承认自己的平凡，却不曾放弃追求哪怕只是瞬间的完美。因为，在这个世界上，无论是谁，都不能漠视自己所付出的真诚，而只要真诚地付出，就一定能有真诚的回报。

有人说，不问收获，但问耕耘。其实，谁又能说耕耘本身不是一种收获呢？乐在其中，乐此不疲，不也是人生的一种境界吗？

现实生活相对内心的理想境界永远是一种挤压，在这种挤压下，我们想要的生活离现实越来越远，总感觉活着很累，越是长大，烦恼就越多。那些未解决的、将要解决的和想要解决的事堆积成山，压得人喘不过气来。但是作为一个生命的个体，我们必须坚强地生活，必须努力奋斗，必须让自己和家人幸福。

无论是开心的还是不开心的，在我们走过的时间，都是值得留住的回忆。不管是迷茫还是清醒，我们都要用心去面对。

岁月的流逝、生活的烦琐、现实的诸多不易给人越来越多的压力，于是，人们没有了驻足品味的闲暇，更少了冥想沉思的情致。记住，只有心里有阳光的人，才能感受到现实的阳光。快乐是一种生活态度，也是一种心绪，不要把自己禁锢在忧愁的厚茧里。懂得美化生活、欣赏生活的人，处处可见亮丽的风景。

7.用感恩的心珍惜每一天的存在

人的一生总会经历很多事情，这些事情有的让你喜，有的让你忧，有的让你仰天大笑，有的则让你垂头叹息。其实，细细想来，这些都算得了什么？在这生与死并存的世间，只要活着，我们就是幸福的。

1991年11月7日，当时32岁的NBA名将"魔术师"约翰逊在湖人记者招待会上宣布退役，因为他感染了艾滋病病毒。几十年过去了，约翰逊依旧积极地生活着,也努力地与病魔抗争着。

　　约翰逊一直接受着鸡尾酒疗法,将病情控制在稳定的范围内。作为一名丈夫和3个孩子的父亲,他在家人的陪伴与支持下全身心投入到工作中,管理着一个不小的商业王国,其资产比退役时增加了近20亿美元。2001年,他成立了魔术师约翰逊发展公司,拿下了洛杉矶城市里一块没人要的地,建造了魔术师约翰逊剧院。又说服了众多大商家入驻,一个新的商业中心逐渐成形。2006年,他又大胆收购了一家著名的连锁餐厅。现在,他的产业除了剧院和餐厅外,还包括一家制片公司以及湖人队5%的股权。

　　除了经商外,他把所有的时间都投入到了篮球和公益活动当中。他曾担当过一家电视台的NBA嘉宾主持,经常参加以篮球为主题的公益活动,还曾与姚明一同出演了一部防治艾滋病的宣传教育片……虽然约翰逊无法完全摆脱病魔,但是他说:"我从来没有把自己当病人,我感觉好极了。我庆幸自己活着,每一天都活着,每一天对我来说都是节日。我活着,也是为了告诉那些患有艾滋病的人,要自强不息,要积极面对每一天。"

　　疾病和灾难的发生是无法预料的,生命的流逝是无法挽留的,所以,我们应该怀着感恩的心珍惜每一天的生活。

　　如果你早上醒来发现自己还能自由呼吸,你就比在这个星期中离开人世的100万人更有福气。

　　如果你从来没有经历过战争的危险、被囚禁的孤寂、受折磨的痛苦和忍饥挨饿的难受……你已经好过世界上5亿人了。

　　如果你的冰箱里有食物,身上有足够的衣服,有屋栖身,你已经比世界上70%的人更富足了。

　　2010年联合国"世界粮食日"数据显示:世界上每7个人中仍有1人在挨饿,全球有36个国家仍陷于粮食危机当中,有8亿人处于饥饿状态;在发展中国家,有两成人无法获得足够的粮食;而在非洲大陆,有1/3的儿童长期营养不良;全球每年有600万学龄前儿童因饥饿而夭折。

如果你的银行账户有存款,钱包里有现金,你已经身居世界上最富有的8%之列。

如果你的双亲仍然在世,并且没有分居或离婚,你已属于稀少的一群。

如果你能抬起头,脸上带着笑容,并且内心充满感恩的心情,你是真的幸福了——因为世界上大部分的人都可以这样做,但是他们却没有。

如果你能读到这段文字,那你就比20亿不能阅读的人更幸福。

看到这里,你是否发现,自己其实还是蛮幸运的人呢?

古人笔记小说中有一首《行路歌》:"别人骑马我骑驴,仔细思量总不如,回头再一看,还有挑脚夫。"语言虽浅,却足以醒世。

记住,你的存在,本身就是一种幸福。

TIPS:每天清晨的感恩课

当闹铃停止时想着:真好,我还活着!

也许一天中最美妙的事莫过于早上醒来,发现你自己还好好地活着。休息了一整夜,你什么都没有付出,可你所有的身体系统的状态都非常良好。

你的心脏一如既往地跳动;你的肺部张弛着,将适量的氧气运送到血流中;你的大脑将微妙的电子般的信息发送到你的神经;所有的细胞组成了一个活跃的大熔炉,有效地吸收营养,巧妙地排出废物……当你沉醉在梦乡中的时候,你的体内发生了这么多美妙、复杂又微小的变化,而上面列举的仅仅只是其中的一小部分。

抱怨那些不顺心的事很容易,但要注意平时熟视无睹的事却很难,

"真好，我还活着"的想法会让你摆脱这种不平衡。毫无疑问，在早晨选择怎样开始新的一天将对这一整天产生重要的影响。不要担心，你不必举重或做俯卧撑，你要做的就是学习"心怀感激"之道，但是你要在前一夜就做好准备。

将闹钟设置的时间提前两到三分钟，试着找一段时间保持安静。你或许习惯在半睡半醒时听交通报告，那么请忘掉它，下决心在闹钟停止的那一刻关掉收音机；如果你已习惯了一睁眼就打开电视，那么请放弃这种打算，天气预报等会儿再听。

提醒你的爱人或同伴，明天你要将聊天时间提前几分钟。如果在凌晨有警报声几乎让你发疯，随它去吧！把你的抱怨留在早餐后再说。

前一夜就决定好你将在什么地方做这项练习。你可以在躺在床上的时候做，可以在冲澡的时候做，同样，坐在你卧室的椅子或床上也可以（如果你有室友、孩子或其他家庭成员，应放弃考虑在起居室或吃早饭的时候练习，因为他们可能会干扰你的锻炼）。

根据你平日起床后迷糊的程度，你可能在到决定做冥想的地方之前想先冲个凉或用冷水洗洗脸；也可能想先在周末时练习一番，那样你的时间会更充裕。那么，当你在周末做了几次后，要在平日里接着练习。

尽管你体内在夜间发生了许多奇妙的变化，但请关注你的心脏。初学者要做几次长长的深深的呼吸。如果你坐在椅子上，请轻轻地伸长脊椎并放松双肩；如果你躺在床上，可以选择一个舒服的姿势，下背要有所支撑。躺着时，在膝盖下垫一个枕头是很好的做法。总之，要找到你觉得最舒服的姿势。

再回想一下你心脏的强大。这块坚强的肌肉，也是你体内最结实的一块肌肉，一整夜不停地跳动着。它有着惊人的品质，不畏艰险地始终保持着跳动。

无论你是在公园里滑冰刀还是在剧院里打盹，你的心脏一直在工作着；不管你是为了节俭，在商店里讨价还价，还是在享用鱼子酱，这团充满能量的肌肉仍在工作着，夜间也一样；不论你是沉醉于在巴厘岛度假的美梦，还是在考试的噩梦中挣扎，你的心脏总是忠实而顽强地工作着，就像节拍器那样平稳，无需你给予任何帮助。其实，就大小来说，还可以把它比作棒球或橘子（当然，心脏的大小因人的身体块头而异）。然而，它非常强大，每天能传送约7570升的血液。

这多么令人惊奇啊！这块肌肉不停地将血液送到你的大脑、所有的骨头、肌肉和器官中。于是，一个个绝妙的氧气包和营养包也被稳定地送到了你全身的每个细胞中。如果你昨晚睡了8个小时，你的心脏就跳动了约29000次。如果你今年32岁，你的心脏已经在这32年中跳动了10亿多次。

心跳会在爬楼梯时加速，休息时减速，也会在你心爱的人出现时扑腾一下。它是你最亲密的坚定可靠的朋友。

做几个长长的深深的呼吸。在想象中拍拍这个朋友的肩，它应该得到大大的奖赏。无论今天有多么令人畏缩的任务在等着你，无论你将接受什么样的挑战，你都要感谢你的心脏。因为正是它昨夜出色的工作才让你有了今天的一切，再花一点时间慷慨地给予这个绝妙器官完美的表现更多的赞赏吧。

你完整而灿烂地活着，这是多么好的馈赠！

保持积极心态，要成功，更要幸福感

——心态是一个人生存和心灵状态的密码，掌握它，培育它，开发它，成功和幸福将不请自来！

第七章

开发积极心态

——良好的自我暗示可以激发潜能

1.潜能的神奇力量足以改变你的命运

"潜意识的神奇力量足以改变你的命运！"这是著名成功学大师拿破仑·希尔的名言。任何的限制，都是从自己的内心开始的。人们在紧急关头打破了内心的限制，于是，潜意识的能量——潜能就如同沉睡的火山一样爆发了出来。

很多心理学家和科学家通过大量事实论证了潜意识的伟大作用和给人带来的巨大影响。

美国麻省安赫斯特学院的专家们曾经做过这样一个实验：他们用铁圈将一个正在生长的小南瓜整体捆绑住，以此来观察小南瓜的生长发育状况以及它能够承受的压力。当时，这些专家们根据推算认为，这个小南瓜能够承受的压力大约是500磅。

实验开始后的第一个月,这个小南瓜承受了500磅的压力,人们认为这已经是南瓜的极限了。但是又过了一个月,这个小南瓜竟承受了接近1500磅的压力。对此,人们感到非常惊讶,认为这简直不可思议。后来,南瓜承受的压力又超过了2000磅,这时候,专家们在惊讶的同时不得不对捆绑这个南瓜的铁圈进行加固,以免被撑开。然而到实验结束时,南瓜竟承受了5000磅的压力。当专家们打开这个南瓜时,发现这个南瓜已经不能食用了,因为南瓜内部中心部位已经长出了坚固的纤维,这些坚固的层层纤维仿佛想要冲破这个铁圈。此外,专家们还发现,为了能够更多地吸收养分,南瓜所有的根都向不同的方向进行伸展,最后,它竟然掠取了整个花园土壤中的养分和资源。

通过这个实验可以看出南瓜的潜能量是非常强大的,它的生命力远远超出了人们的想象。在如此坚固的束缚下依然能够突破重围奋力生长,足以说明南瓜拥有着人们不知道的隐藏潜能。

一个南瓜尚且能有如此大的潜力,更何况是毅力和韧性都优于南瓜的人呢?所以,只要我们激发出自己的潜能,就可能战胜一切。

在泰国,流传着这样一个故事:泰国国王有一位美丽的女儿,到了该婚嫁的年龄时,国王想,一定要给女儿选择一位胆识过人的勇士。于是,国王心生一计,对外张贴告示:某月某日,在某鳄鱼池边,国王将亲自为公主择婿,有意者请前往参加竞选。到了那天,鳄鱼池边人山人海,大家都摆出一副跃跃欲试的架势。

国王宣布:"现在,鳄鱼池内正放有数条饥饿的鳄鱼,谁有胆量跳入池中,再从这端游至对岸,本国王就将爱女许配于他。"言毕,来的人面面相觑,谁也没勇气跳入池中,因为一旦跳进去,无疑会成为鳄鱼的腹中物,谁敢拿生命去冒这个险呢?但就在这时,只听见"扑通"一声,有人跳进了池中。围观的人紧张地注视着,只见几条鳄鱼张着大口从四面追过来，而池中人拼命地向对岸游去。就在人们惊魂未定之时，他已经快速地爬上了对岸。他赢了。国王兴奋地过来握住那人的手说："年轻人，你真勇猛，公主就交给你了！"

谁知那人不但不知感谢国王大恩，反而急急地搜寻了一圈，然后对着身旁的一个人气急败坏地斥责道："你为什么要把我推进鳄鱼池里？"

故事讲完了，结尾出乎人们意料地幽了一默。或许听故事的人笑了，但是笑过之后肯定会久久难忘。这虽是个故事，却告诉我们一个道理：人的潜能是不可估量的，关键在于决定人体潜能被激活程度的压力——在那样一个关乎生死的恶劣环境里，求生的欲望是如此强烈，如果不全力以赴，你就会失去生命，恐惧、压力迫使你的潜能最大限度地爆发出来，结果便出现了奇迹。

在第二次世界大战期间，一艘美国驱逐舰停泊在某国的港湾。那天晚上，明月高照，一片宁静。一名士兵照例巡视全舰，突然，他停步站立不动，因为他看到了一个乌黑的大东西在不远的水上浮动着。他惊骇地发现那是一枚触发水雷，可能是从一处雷区脱离出来的，正随着退潮慢慢向舰身中央漂来。

他立刻抓起舰内通讯电话机，通知了值日官。值日官马上快步跑来，确认了情况后便很快地通知了舰长，并且发出全舰戒备讯号，全舰立时动员了起来。

官兵们都愕然地注视着那枚慢慢漂近的水雷，大家都了解眼前的状况——灾难即将来临。

为了解除眼前的危机，军官们提出了各种办法。他们该起锚走吗？不行，没有足够的时间；发动引擎使水雷漂离开？不行，因为螺旋桨转动只会使水雷更快地漂向舰身；以枪炮引发水雷？也不行，因为那枚水雷太接近舰里面的弹药库了。那么该怎么办呢？放下一支小艇，用一支长杆把水雷携走？这也不行，因为那是一枚触发水雷，同时也没有时间去拆下水雷的雷管。

悲剧似乎已经没有办法避免了。

这时，一名水兵想出了更好的办法。"把消防水管拿来。"他大喊着。大家立刻明白了他的意思。他们向舰艇和水雷之间的海面喷水，制造一条水流，把水雷带向远方，然后再用舰炮引炸了水雷。

这位水兵只是个普通人，但他却具有在危机状况下冷静而正确思考的能力。我们每一个人的身体内部都有这种天赋的能力，也就是说，我们每一个人都有未被开发出来的潜能。

不论有什么样的困难或危机影响到你的状况，只要你认为你行，你就能够处理和解决这些困难或危机。对你的能力抱着肯定的想法，你就能发挥出自己的潜能，并因而产生有效的行动。

一位已被医生确定为残疾的美国人，名叫梅尔龙，靠轮椅代步已12年。

他的身体原本很健康。19岁那年，他赴越南打仗，被流弹打伤了背部的下半截，被送回美国医治。经过治疗，他虽然逐渐康复，却再也无法行走了。

他整天坐轮椅，觉得此生已经完结，时常借酒消愁。有一天，他从酒馆出来，照常坐轮椅回家，却碰上3个劫匪动手抢他的钱包。他拼命呐喊，拼命抵抗，却触怒了劫匪，他们竟然放火烧他的轮椅。轮椅突然着火，梅尔龙忘记了自己是残疾，他拼命逃走，竟然一口气跑完了一条街。事后，梅尔龙说："如果当时我不逃走，就必然会被烧伤，甚至可能被烧死。我忘了一切，一跃而起，拼命逃跑，及至停下脚步，才发觉自己竟然能够走动了。"

有两位年届70岁的老太太，一位认为到了这个年纪可算是到了人生的尽头，于是便开始料理后事；另一位却认为一个人能做什么事不在于年龄的大小，而在于怎么个想法，于是，她在70岁高龄之际开始学习登山。随后的25年里，她一直冒险攀登高山，其中几座还是世界上有名的。后来，她还以95岁高龄登上了日本的富士山，打破了攀登此山的最高年龄纪录。她就是著名的胡达·克鲁斯老太太。

一位农夫在谷仓前面看着一辆轻型卡车快速地开过他的土地，他14岁的儿子正开着这辆车。由于年纪还小，他还不够资格考驾驶执照，但是他对汽车很着迷——似乎已经能够操纵一辆车子，因此，农夫就准许他在农场里开这辆客货两用车，但是不准上外面的路。

突然间，汽车翻到了水沟里，农夫大为惊慌，急忙跑到出事地点。他看到沟里有水，而他的儿子被压在车子下面，躺在那里，只有头的一部分露出了水面。

这位农夫并不很高大，根据报纸上所说，他有170公分高，70公斤重。当时，他毫不犹豫地跳进水沟，把双手伸到车下，把车子抬了起来，足以让另一位跑来援助的工人把那失去知觉的孩子从下面拽出来。

当地的医生很快赶来了，给男孩检查一遍，只有一点皮肉伤。

这时，农夫对自己之前表现出来的"强壮"感到惊讶。他去抬车的时候根本没有停下来想一想自己是不是抬得动。出于好奇，他又试了一次，结果车子纹丝不动。

对于这个"奇迹"，医生的解释是身体机能对紧急状况产生反应时，肾上腺会大量分泌出激素，并传到整个身体，从而产生出额外的能量。

2.自我暗示:让成功在潜意识中扎根

无论是存在于意识还是潜意识中的念头,都会让我们产生某种"关联感",促使我们用行动去把这些念头变成现实。例如,如果一个人的脑海中经常出现这样的念头:"我相信我自己,我很勇敢,我努力去做的事情必将取得成功。"那么,他就能成为一个勇敢而自信的人。这样的过程就是自我暗示。

美国著名的歌坛巨星惠特尼·休斯顿虽然已经陨落人间,但是她成功的故事却一直为人们所关注。

作为一个黑人歌唱家,她能够在美国音乐界中占有和迈克尔·杰克逊同等的地位,实在是让人敬佩不已。她的歌声曾经俘获了全美乃至全世界人民的心,而她的成功却绝非偶然。

惠特尼·休斯顿的母亲是20世纪60年代"甜美灵感"乐队的创始人——锡西,她认为自己的女儿有着出众的歌唱才华,所以她经常教休斯顿学唱歌。但是休斯顿一开始并没有想过要当个像母亲那样的歌星,因为她生性自卑。在她看来,母亲的光环是那样耀眼,有那么多的人喜欢自己的母亲,而她也崇拜自己的母亲,她根本不相信自己能做到像母亲那样优秀。

到了17岁的时候,休斯顿依然像个普通的学生那样上下学,偶尔会去看母亲的演唱会,当然,自己也会练习唱歌。但从现实的角度来说,一个出生在歌星世家的年轻人,哪怕是嗓子不好,在17岁的时候也早该学会登台演出,混迹娱乐圈了,但是休斯顿却并没有,因为她一直认为自己没有那个能力。而细心的母亲却发现这个看上去略带伤感的女儿潜意识里存在着强大的自我力量,虽然母亲了解女儿的实力,但是女儿并没有发现自我潜意识里的那种能力和力量。那时候的休斯顿正处在青春张扬时期，她内心非常矛盾，思考着自己将来的人生该怎样走下去，是做个唱诗班的歌唱家，还是上大学，以后做一名职业人士，她陷入了迷茫。但是每次听完母亲唱歌之后，她在潜意识里总能感觉到自己在歌唱方面的无限能力，她内心的"超我"总是抑制不住地想要跳出来。休斯顿每次有这样的心理暗示之后总是会很高兴，其实，她也很期待自己能够像母亲那样站在舞台上，接受人们的掌声和喝彩。

在一个契机之下，惠特尼·休斯顿潜意识里的"超我"终于爆发了。母亲为了能够让女儿有表现自我的机会，决定跟女儿同台演唱，这使休斯顿高兴之余也很紧张。虽然母亲是主唱，自己只是表演嘉宾，但是她依然很努力地为这次演唱做着准备。就在演唱会即将开始的时候，母亲却因为嗓子突然发炎，发不了声音而不得不决定退出演出，但是台下的观众已经全部就位，所以母亲叮嘱休斯顿一个人完成这次演唱会。当时母亲只说了一句："你一个人完全能够挑起这个演唱会，我相信你，你有这个潜力！"

临时接到通知的惠特尼·休斯顿只能硬着头皮，深呼吸走上舞台。此时，她潜意识中的"超我"已经完全被激发出来了，她开始自我暗示，告诉自己一定能够完成演唱。

就这样，她独自一人走上了大大的舞台，充分地展现出了她那独特而又富有磁性、动听的歌喉，赢得了满堂彩。惠特尼·休斯顿的这次演唱倾倒了所有的观众，从此她一举成名，成为了美国的顶级歌坛巨星。

从惠特尼·休斯顿的成名故事中可以看出，她敢于迈向舞台展现自己的歌喉，很大程度上在于她在潜意识中的自我暗示力量。

拿破仑·希尔曾说过："很多人没有成功，是因为这些人都被内心思维方式中的那面'墙'限制住了。"显然，成功的人是不会局限在某一个思维模式中的，他们会不断地进行自我暗示，寻求自我内心的潜在机会和能力，并牢牢抓住潜意识所带来的力量，从而走向成功。

在1954年以前,人们不敢相信有人竟然能够在4分钟之内跑完一英里的路程,因为在这之前,没有人取得过这样的成绩。

然而,当时英国著名的长跑运动员罗杰·班尼斯特却不认为这是人类的极限,他将在4分钟之内跑完一英里作为自己追求的梦想,而且他坚信,自己一定会突破这一极限。于是,他努力加强锻炼,极力地发掘自己身体内的潜能量,而且他在日记中写下了这样的话:"这样的速度是人们的一个梦想和目标。人们习惯性地认为这是不可能实现的,但这绝对只是一个幻象。"

在1954年5月的一天,班尼斯特在英国牛津突破了这个常规,用3分59秒的速度跑完了一英里,完成了人们以为不可能发生的事情。而在班尼斯特突破了这一极限之后的两个月,又有一名澳大利亚的选手约翰·兰迪再次打破了罗杰·班尼斯特的极限,用3分58秒的速度完成了一英里的飞跃,甚至再后来先后有十几名选手纷纷超越了这个极限,取得了令人惊奇的成绩。

无独有偶,当美国的跳远名将迈克·鲍威尔刷新保持了23年之久的世界跳远纪录时,全世界都为之震惊了。上大学二年级的时候,鲍威尔当时的最好成绩是7.47米,远远低于由比蒙创造的世界纪录。

鲍威尔经过多年的奋斗与磨炼,在全美冠军赛上,仅仅以1厘米之差,遗憾地输给了65次获跳远冠军的卡尔·刘易斯。

后来,在东京国立竞技场世界田径男子跳远比赛中,刘易斯与鲍威尔再次展开了角逐。第四回合的跳跃中,刘易斯乘胜追击,以8.91米的成绩超过了当时原世界纪录1厘米。刘易斯似乎确信他已稳操胜券了。

但就在这时,刘易斯脸色骤变,因为鲍威尔在第五次试跳中,跃过了8.95米的距离。这个成绩刷新了尘封23年的世界纪录。

此时的鲍威尔全身洋溢着成功的喜悦,他大口大口地喘着粗气,表达着他打破刘易斯神话的喜悦之情:"每个人都说刘易斯是不可战胜的,世界纪录是不可能刷新的。但是，我坚持以'一定战胜刘易斯，一定打破纪录'来进行自我暗示，终于在今天获得了成功。"

以上几个例子充分说明了自我暗示的神奇性。最后，我们简单总结一下自我暗示的作用。

（1）提醒作用。

一位作家说："当你要和别人发生争吵，并已经准备好某些词语时，请你在心里默念：'我一定不要说出这些词语！'只要这样去做，大多是吵不起来的。"这位作家的看法，也是一种心理暗示，他是暗示某种事情不会发生。当然，当你准备做某件事情，而又出现心理障碍如胆怯、紧张等情绪时，自我暗示也能起到正面强化的作用。例如，夜间在乡村小路上行走，有些怕走夜路的人就可以用自我暗示的方法来鼓励自己。

（2）镇定作用。

人的心理十分复杂，经常会受到外界情境的影响，尤其在对抗、竞争的条件下，对手创造了一个好成绩，或工作做到了你前面，会造成你的心理紧张。本来你有能力超过他，但因为心理上的紧张，反而束缚了你潜在能力的发挥。自我暗示在这时就能起到排除杂念、镇定情绪的作用。

（3）集中作用。

这同镇定作用密切相关。一件事情，尤其是有一定难度的事情的成功，总是离不开注意力的高度集中。只有全力以赴，才能马到成功，舍此没有别的捷径。可是，人的注意力并不是说集中就能集中的。缺乏心理训练的人，常常是到了注意力该集中的时候，却出现心猿意马的情况。怎么办？学会自我暗示，或许是一种比较有效的办法。

3.积极的自我暗示的种类和方法

既然自我暗示如此神奇,那么,具体应该怎样做,才能充分利用自我暗示的机制取得成功呢?

首先,你必须要努力寻找,直到找到你愿意为之奋斗一生的努力方向。当然,这方向一定要对自己和别人都有所裨益,不能损人利己。等到你确立了自己的努力方向之后,就把你想要达到的目标用一句话清楚地概括出来,然后牢记于心。

实际操作如下:

首先,发现你真正想要的事物,并真正了解它的本质。

你可能有过这样的经验:当你得到了你认为自己想要的东西时,你并没有自己想象的那么满足。

你先要了解一样东西能带给你什么样的本质,能满足你什么样的需要,以及在满足这些需要后,你能更完整地展现什么样的美好特质。然后,当你想要的事物来临时,它会以一种真正能满足你的形式出现,给你带来喜悦,而且比你想象的还要美好。

你可能并不确定什么样的特性最符合你的要求。你或许想要一座新房子,但并不知道它在哪个方位或有几间房间。如果是这样,你可以具体想清楚它要满足你生活中的哪些功用,以及你将如何使用它。你也许希望房子能照到早晨的阳光,光线充足,附近有树林、有游戏场地,不会受到邻居的打扰,有开阔感,等等。这些特性就是你想要的房子的本质。

如果你专注于新家的外观,或在心里详尽描绘它,但并不清楚你想要它满足哪些功能,那么你可能会得到你想要的特定外观,却发现房子并没有满足你的需要,诸如招待朋友、存放户外设备或设立一间办公室等。如果你能描绘出一座非常具体的房子,甚至详尽到墙壁的颜色,这固然很好,但你也要知道你为什么想要这些具体的特性。

即使你知道自己想要的事物的形式，你也仍然需要了解它的本质，并尽可能将它的本质具体化。例如，如果你想要一台新电视机，你可以想象自己想要什么颜色、特性以及其他的功能，然后问自己："为什么我要这种特性，而不是那种特性。"当你越来越明确，你就会发现自己想要的事物的本质。如果你设计或建造过什么东西，你可能就会发现，为了达成你的目的，你必须事先考虑你想要它具备的所有用途和功能。

如果你想要一样还不确定的事物，诸如变得富有或快乐，那就问自己："我如何会知道自己什么时候是快乐的？要在银行有多少存款我才会觉得自己是富有的？要达到多少月收入？我能花多少额外的钱在我想要的开支上？"

其次，专注于创造你想要的事物，而不是专注于摆脱你不想要的事物。

要想成功地自我暗示，就要把暗示的点专注于创造你想要的事物上，而不是专注于摆脱你不想要的事物。

许多人并不知道自己想要什么，却很清楚自己不要什么。如果你不知道自己要什么，你可以观察生活中你所不喜欢的环境，然后要求相反的环境出现。如果问你的朋友们，什么会让他们快乐，或者他们想要什么。你会惊讶地发现，许多人都会描述他们所不想要的情形，而不是他们想要些什么。

对于所有你不想要的情形，要尽可能清晰地描绘你会以什么样的情形去取代它们。

用肯定句以现在时陈述出你想要的事物，不要说"我不想为付账单而苦苦挣扎"，可以说"每个月我都能很轻松地付清账单"。

另一个重要方面就是，你确定自己所要求的是你想象中自己会拥有的事物。如果你想要100万元，你能不能真的相信你会拥有这笔钱？尤其是，如果你连自己每月准时轻松付清房租都有困难的话，拥有100万元在你看来显然就不那么真实。在这种情况下，你对得到100万可行性的信念还不是非常强烈,不足以让你用你的暗示的力量在一段时间之内得到这笔钱。

所以,最好先从你能想象自己会拥有的事物开始。这会强化你行动的信念,让你相信自己有能力创造你想要的事物。

许多人都对自己说:"我应该挣钱来买房子、买车子。"但"应该"并不会给你足够的能量去创造,对大多数人来说,这并不足以激励自己。所以,你要承认自己的愿望清单上有一部分并不是你真正想要的,这样你才能专注于你真正想要的事物。

具体做法如下:

(1)当你要上床睡觉时,从今晚开始,直到达到你的目标,在你准备要熟睡前,念以下的暗示10次,如"每天在各方面,我都会一天比一天好"。当你在念暗示时,想象自己无论哪一方面都会越来越好。

(2)为了避免睡着和忘记数到哪里,你每说一次暗示,可以压下右手的一只手指,然后继续到左手的手指,直到你说完10次暗示。

(3)这可能是你第一次尝试学习用暗示来有效地设置自己。每天晚上这样练习,直到念完10次才能睡觉,这是非常重要的。

(4)你已经开始建立一个习惯模式,在睡前适当地利用积极的暗示来设定自己。隔天你会发现自己会非常乐观地反映昨晚的暗示。

(5)你应该一辈子都用这种自我提高的方法。当你达到特定的目的后,你可以换另一个暗示。

需要注意的几点如下:

(1)句子应简单有力,不要太长、太啰嗦。如"我很健康","我很聪明","我很精干","我一定成功"等,不要说"我要好好学习,每天抽出2小时学外语,学好外语,可以出国,干一番事业,挣一笔大钱",这样说太啰嗦了。

(2)暗示语要有积极性,不要从反面说,因为潜意识不喜欢拐弯抹角。例如"我的工作不应该干成这个样子,应该干得更好",这样说就不好,应该说"我的工作很棒","我的工作很出色"等。

（3）暗示语不要模棱两可，要确定。例如，不要说"我的工作或许能取得成功，给单位带来效益"，应该说"我能成功"、"我一定能成功"之类的话。

（4）暗示语要有可行性。也就是说，暗示语的选择，要考虑到是否符合自己的实际情况，是否符合内外环境情况，是否经过努力可以办到。经过努力办不到的事情，或内外环境根本不允许的事情，就不要去暗示。暗示时，最好暗示自己的近期目标，这个目标实现了，再暗示下一个目标。不要一次性暗示太远了，因为太远容易脱离现实。

（5）要配合想象，注入情感。自我暗示语确定下来后，要用想象力去配合，调动自己的情感因素去体验成功时的感受。例如，想象你成功之后，站在领奖台上的那种心情、感受，以此来强化自己的暗示语，使想象更加逼真，使暗示语进入自己的潜意识。

4.不做消极暗示的奴隶

不论是不是天性使然，限制你自己，不做完全努力，对自己做消极暗示，或者接受了消极的暗示，都是一种自暴自弃的行为。

下面三个法宝，能轻松帮你打破自我设限，战胜自我。

法宝一：抽出时间来独处

一个人越是不同凡俗就越伟大，也越孤独。孤独是他更加深刻、更加明智地观察生活的高度。

也许是因为我们人类的孕育过程是孤独的，要独自在母体中进行孤独的预演，而不像群生的浮游生物那样，从生命形成的一刹那，就生活在一个群体中，处于一种"社会化"的状态。因此，伴随我们人生的，除了"社会"之外，就是孤独。

这种深层次的孤独促使我们在生活中要有适当"孤独"，要一个人独处。

适当地独处，对于培养一个人的沉思气质和独立思考的能力、习惯有很大的好处。

人是社会的人，需要在一定的社会里才能健康成长。但不知道你是否留意到，婴幼儿是很喜欢一个人玩耍的，即使有家长或别的孩子在场，他也很少顾及。这或许是孩子在母体中独处的一种记忆吧！老人不喜欢孤独，但却喜欢独处，像是对母体中独处的一种美好回忆。在生命的起点和终点，我们都表现出了一种生命原本的色彩，这不能不说是个很有趣的现象。

"适当的孤独"和诸如幼年丧母、中年丧妻、老年丧子以及由于各种各样的原因而被抛出人群的茕茕孑立的孤独是相区别的，后一种孤独对人生只有坏处，绝无益处。

适当的孤独，是人生某种独特价值的秘密阵地，是容纳难以摆脱的情感的舞台。这种孤独，在烦琐的世界中寻找简练，在闹市中寻找静区，在世俗的冲击中寻找脱俗，在违心的随俗中寻找自洁，在不平的人生遭际中寻找平静。可以说，适当的孤独是我们人生的一种修炼。

适当的独处，不是陷入某种所谓的境界中无力自拔，无力自拔不是一种人生境界，而是对人类理性的弃绝。试想一下，在劳碌了一段时间后，避开纷杂的人事，在某个安静祥和的环境中，一个人静静地待着，什么都可以想，什么也可以不想；不想说的话不说，不想做的事不做，不想见的人不见；没有人世间的尔虞我诈，整个世界只有自己一个人。这，是不是一种境界？

在你适当地独处的这段时间里，你可以好好审视一下你过去的人生，也可以好好设计一下你未来的人生；你可以想想自己过去的人生中，哪些人、事、物给你留下了美好的感情，又有哪些人、事、物使你不堪回首;你也可以像世间所有的杰出人物一样,热情奔腾地面对生活,同时又同自己的心灵悄悄对话。

当然,你不会忘记,"适当地独处"并不是目的,不是为了远离人间,恰恰相反,它是为了更好地同世间的人同歌共舞,帮助自己在人间更高地腾飞。

所以,如果你想更客观、更真实地观览人生,观览人世,审视自我,为你人生的再度升华提供食粮,你可以暂时地拉开一段与"尘世"的距离,去适当地独处一阵。之后,你会发现自己飞得更高了。

法宝二:告诉自己"不做别人想法的奴隶"

你做了某件事情,做出了人生的某一次选择,你可能会想:"我这么做,别人会怎么想呢?"

这种想法的确是一种最普通、最常见也最具破坏性的消极的心理暗示。

"我必须每天出门,否则,邻居会认为我可能在家里干着见不得人的事情。"

"在会议上,我不能多发言,因为我一说话,别人就会认为我爱出风头。"

"那件衣服我虽然很喜欢,但它太时髦了,别人会议论我的。"

……

这种"别人"式的想法是强而有力的牢笼。按着这种想法,我们可以解释生活中的许多现象。它能解释为什么这个世界上会有如此多的雷同和整齐划一,为什么很多妇女热衷于模仿别人的发型,为什么推销员都会用几乎一模一样的方法来推销不管是丝袜还是家电,还能解释为什么人们会一直活在令人极其厌烦、不愉快、不满足的生活状态之中。

这种"别人会怎样想"式的奴隶想法会伤害我们的创造力和我们的人格。但现实是,不仅生活中的大部分人被"别人会怎么想"所左右,我们在生活中也常常听取那些不够资格的人的忠告。

你的邻居、亲戚、同学、同事、上司、下属,差不多你所认识的每一个人都会热心地给你忠告。你做每一件事情都可能会听到忠告,如新找了一份工作,新买了一家公司的股票,最近买了一样家具,给孩子找了个家教……忠告几乎遍及你生活中的每一件事情,你至少拥有一个排以上的热心、自愿且不用支付薪水的"顾问",这些人来帮你做你的"自我约束、自我管理"方面的种种事宜。

你需要清醒的是,你的"顾问"团成员通常只是知道事情的一点皮毛而已。如果你是一个心理上不很成熟的人,往往会盲从这些自我推荐、自告奋勇而且属于"义务者"的"顾问"们的忠告。你不相信自己,也不想听听学有专长的专家们的建议,反而对这些三流、四流甚至不入流的人物言听计从,这岂不是你人生的悲剧。

以下是你避免成为别人想法奴隶的具体做法:

第一,"别人"不是先知先觉的上帝,他们往往是道听途说的积极追随者。如果你活在"别人的想法"中仍然非常愉快,那么你就尽管模仿邻居的生活吧,否则,你就需要有自己的生活方式、做人态度。只要你的行为没有伤害他人,你就可以随自己高兴,想怎么做就怎么做,这跟"别人"有什么关系?

第二,你生活的地位越高,批评你的人就会越多,被人在茶余饭后当作谈资的对象的机会也越多。"被别人批评"本身就代表着你已经被别人羡慕。

第三,选择一些不相信闲言碎语的人做朋友。若你周围生活着这么一批人,将有助于你不再对别人的想法过于在意,更不会恐惧。

第四,你需要记住:所谓的"别人"们通常有更多的事情正等着他们自己应付。那些事情比你遇到的问题麻烦得多,他们这时正坐在屋里发愁呢。

法宝三:增进自我接受感,做自己的精神富翁。

在这个世界上,有些人不喜欢自己,因为他们无法接受自己。

不接受自己的人,常常心情郁闷,对生活中的一切都没兴趣;他认为自己思想怪诞,怀疑自己患有某种精神病;还抱怨周围的亲友、同事、邻居不能理解他。实际上,他唯一的问题在于他不能接受自己,从而影响到了他对别人的接受,并进而产生其他方面适应的困难。但他不曾意识到这点,无病自扰之,渐渐地就表现出了自暴自弃的倾向。

可见,对所有人来说,正确评价自己、接受自己至关重要。它关系到建立正确的自我观念,适应环境,促使性格健康发展。接受自己,去除自卑感,是精神健康的重要保证。

怎样才能增进自我接受感呢?

(1)要克服完美主义。

认识到自己不可能做到十全十美。这世界并不完美,十全十美是可遇而不可求的,所以,应当知足常乐。

要容忍体谅,不但要与他人相处容易,亦要做到对自己的行为不致苛求;不要做时钟的奴隶,总想尽可能地在时间限制内完成工作,记住,"欲速则不达";要明白讨好所有的人是不可能的,所以根本不必去尝试;"受欢迎"的本意是使他人赏识你本人,而不是你的最好表现;尝试一下"言所欲言",坦诚和直率能消除许多障碍与心理压力;要对自己有信心,你和别人一样有可取之处;勿过分自责,任何人都有彷徨的时刻;勿自悲自怜,你的遭遇并不重要,你对遭遇的反应才是最重要的。

(2)要做到真正了解自己。

自知者明,自胜者勇。你可以通过比较法(与同龄、同样条件的别人相比较)、观察法(看别人对自己的态度)、分析法(剖析自己,了解自己的工作成果)等来认识了解自己。

(3)要树立符合自身情况的奋斗目标。

这样会使你有机会充分发挥自己的才智,力所能及的胜利能增加你的自信心。

(4)要不断扩大自己的生活经验。

每个人都要经历适应环境的过程。在这一过程中,你也许发挥了才干,也许暴露了缺陷。这没关系,正反两方面的经验都将促进你对自己的了解。

(5)诚实坦率、平心静气地分析自己。

要有勇气承认自己在能力或品质上的缺陷,肯定自己的长处,扬长避短。

幸福的富有并不单指物质富有,还包括精神富有。物质的富有只是满足了人在需求上的欲望,而精神富有让人感到生活更充实、快乐,这样的人生才更有意义。

精神的富有包括很多内容,成功学大师拿破仑·希尔为我们列出了以下几点。

第一,你可以对自己有很高的评价。

成功的人物都会对自己有很高的评价。这需要积极的思想做动力。你有了这种思想,就会一直超越,一直前进。这些积极性的思想包括:在我所认识的人中,你最有资格做这件事情,你要把自己的奋斗目标定得更高些……

你要常问自己:我是否已经使用了我最大的智慧与能耐?如果答案不是百分之百,那就意味着你应该做些改变。而首要的改变就是,把消极思想换成积极思想。所谓消极思想包括:我还不具备做那件工作的条件;我将一直处在贫穷之中;比我更具资格的人真是多如过江之鲫,等等。你一旦陷入这样平庸的思想之中,将会停滞不前,直到你的思想有改变为止。

第二,你可以让自己显得很重要。

每个人都认为自己很重要,但是,只有当人们感到迫切需要你的时候,你才真正变得很重要。为达到这个目标,有个办法可供参考:自己提高自己的知名度。你要吃透一个规则:那些忙碌兴旺的人物,都被看成是人们最迫切需要的人。利用这个规则,你可以找到提高知名度的有效办法。那就是为自己制造一种兴旺忙碌的形象,使别人知道你的顾客很多,你的崇拜者很多……总之,任何你所想要的美好事物,都给人留下一种"你已经有了很多"的印象。

人们都喜欢跟那些兴旺的人打交道。你越兴旺,跟你打交道的人越多;跟你打交道的人越多,你就越兴旺。如此良性循环下去,你目前的繁荣兴旺就会引来更大的繁荣兴旺,让你的事业永远昌盛不衰。

一个人能不能获得成功,并不在于他目前已经拥有了多少,而在于他正在计划要得到多少。为此,你应该制订一个增加自我价值的计划,全速向真正美好的生活之路前进。这样,世人将给我们怎样的评价呢?回答是:正等于我们对自己的评价。

自我评价决定了别人对你的评价,这是一条定律。别人对你的评价越高,越显出你的重要。

第三,你可以有充分的自尊。

对于每个成功者来说,最珍贵的财产就是"对自我的尊敬"。只要能保持这份自我尊敬,你就能保持完美生活所必需的诸种要素:拥有朋友,被人崇拜,以及被人接纳。

5.给内心设立一个"精神偶像"

拿破仑·希尔认为:"每个人心中都有一位自己想要成为的人,这个人或许是拿破仑,或许是林肯总统,但无论是谁,这个人都会在内心带给你很多力量。"

其实,这句话简单地来说,就是"偶像的力量"。在内心设立一个"精神偶像",这个"精神偶像"会让你时刻进行自我暗示,而这种自我暗示能够爆发出无限的潜力,让你有机会能成为如心中"偶像"那样的人。

精神偶像不仅能够帮你找到自我内心的那种潜意识,还能及时地激发你的潜在能力,使你走上成功的道路。

在美国有一个黑人,他是在贫民窟里长大的。年幼的他身体非常瘦弱,经常生病,而且他在家里8个孩子当中是学习最差的,也是最缺乏学习积极性的一个。虽然他的父亲为他担心,但小男孩自己却并不为此感到灰心。

有一天,小男孩在家里看电视,电视上正在介绍当时非常有名的高尔夫球运动员尼克劳斯。小男孩看到这个节目之后,心中涌出了一个想法:"我要像尼克劳斯那样,当一个职业高尔夫运动选手!"

这个小男孩认为自己天生就是个高尔夫球运动员,小男孩虽然没有钱买球杆,也没有条件去打球,但是他在电视中看到尼克劳斯打球的样子,感觉自身仿佛充满了打高尔夫球的能量和技巧。他觉得自己天生就是个高尔夫球运动员,所以,他一定要打高尔夫,而且要像尼克劳斯一样享誉全美国。于是,他将尼克劳斯奉为自己的偶像,每天都学着他的样子用树枝或者塑料杆来比划着打球,而且姿势非常准确。小男孩所焕发出来的那种高尔夫球运动员特有的气质让人惊叹。

后来,小男孩向父亲要钱买高尔夫球杆,但是父亲不同意,还说那是富人玩的运动,穷人玩不起。但是他的妈妈看到了儿子的天赋,在妈妈的请求下,男孩的父亲亲手给他做了一个球杆。虽然这个球杆不是那么华丽,也并不专业,但小男孩却很爱惜它。同时,他父亲还在自家的空地上帮他挖了几个洞,小男孩每天会用捡来的高尔夫球练习很长时间。

很快,男孩高中的体育老师费尔曼发现了他的高尔夫球天赋,于是介绍他到高尔夫俱乐部去练习球技,学费都是这位热心的教练帮他垫付的。家庭的贫困和教练的支持更让男孩坚定了自己的理想,他时时刻刻都在内心对自己说:"尼克劳斯当初也是很贫穷的,但是他坚持了下来,所以他成功了。我也应当和他一样！"

在这样的心理暗示下，他在俱乐部更加努力地练球，所以他的球技越来越好，而且受到了很多业内人士的关注。在进入俱乐部3个月之后，他凭借着自己的实力获得了奥兰多市少年高尔夫大赛的冠军，而他也因此在高中毕业之后被斯坦福大学录取。

但这时候，男孩却突然想要放弃高尔夫球，原因是他的家境实在是太贫困了，而且他还要读大学。当时有个朋友的哥哥开公司，正缺人手，薪水丰厚，他决定去那里上班，以养家糊口。他的教练费尔曼听说之后，再次找到了他，询问了他的情况之后，问他的理想是什么。

男孩停顿了很长时间，然后说道："是的，我想要成为尼克劳斯那样的高尔夫球选手。"

听到男孩的回答，教练只说了一句："你还记得就好。"然后就走了。

教练走后，男孩陷入了沉思，他呆呆地坐在屋子里，内心反复地出现这句"我要成为尼克劳斯那样的高尔夫球选手"。他的潜意识中仿佛出现了很多美好的画面，全是他站在碧绿的球场上，优雅地挥着球杆这样的画面。想到这里，他内心忽然出现了一种莫大的力量和精神支持。于是，他毅然决然地拿起电话向朋友的哥哥说明了自己的想法，辞去了工作。

辞去工作之后，他开始在俱乐部努力训练，每次将要挥动球杆的时候，他都会对自己说："大胆地去追求自己的梦想吧，尼克劳斯也会这么做的！"也就是在同年，这个男孩一举获得了当时全美国的业余高尔夫大赛的冠军。3年之后，他成为了一名职业的高尔夫球选手，还与自己崇拜的偶像尼克劳斯有过密切的球技切磋。

他终于梦想成真了，成为了像尼克劳斯那样优秀的选手。他是迄今为止全世界最伟大的高尔夫球选手之一，而且也一直创造着高尔夫运动界的奇迹；他曾经多次获得高尔夫运动球手全球排名第一的称号。他，就是泰格·伍兹。

或许你想成为巴菲特那样的大投资家，或许你想成为FBI联邦特工那样的人，又或许你想当一名像茱莉亚·罗伯茨那样的电影明星……而当你有了这样的精神崇拜者之后，你的内心就会把他们的一切优点变成自己潜意识的一部分，而且是最重要的一部分。你在想要成为这样的人的时候，会在言谈举止或者是行为处事上向这些精神偶像靠拢。

比如，在遇到一些问题需要处理的时候，你会不由自主地想："如果是他，他会怎样去做呢？"其实这些问题和想法都是自我暗示的心理效应，即自己会在内心中形成一种固定的模式——要向自己的精神偶像靠拢，而潜意识在收到这样的讯息后，就会迸发出潜能量，使你做得像你的精神偶像那样出色。

1941年，他出生于日本大阪一个贫寒家庭。小时候，他的邻家大叔是一位木匠，常带他玩，并教他用木头制作各种玩具。13岁时，他和木匠大叔合作，在自家的房子上加盖了一间阁楼。看着自己的这件"作品"，他非常骄傲，并由此确立了理想——当一名建筑师。

高中毕业后，他虽因家庭贫困而放弃了上大学，但他并没有放弃成为建筑师的梦想。走向社会后，他干起了家具制作和室内装潢的工作，但这些工作不仅离成为建筑师十分遥远，而且收入极低，甚至无法维持基本的生活。他非常苦恼，不知道自己的出路在哪里。

一天，他偶然在一个旧书摊上发现了瑞士建筑大师勒·柯布西耶的建筑作品集，立刻被那风格独特的设计所吸引。他想买下这本书，可是钱不够，于是央求老板一定要替他保留这本书。他忍了几天饿，终于凑够了买书的钱。

柯布西耶的书不仅让他知道了什么是建筑，还让他找到了自己的人生出路：柯布西耶也没有受过高等教育，是通过自学成为建筑大师的，而他自学的方式除了读书，便是旅游。只要有机会，他就会到世界各地参观建筑杰作，对他来说，这是另一种方式的阅读。于是，这个年轻人决定以柯布西耶为偶像,复制他的成功之路。

他开始一边工作一边自学,用一年的时间将大学建筑系的教科书研读完毕。接下来,他要像柯布西耶那样去世界各地旅游,但是,他没有钱!

就在他一筹莫展之际,一位朋友说,只要做上拳击手就可以拿到工作签证出国比赛。于是,他用了两个多月的时间拿到了职业拳击赛的执照,然后利用出国比赛的机会到世界各地旅游。

从1962年开始,他经西伯利亚铁路来到莫斯科,然后从北欧进入中欧、南欧,接着再到印度……在漫长的旅行途中,他欣赏到了无数建筑杰作。

1969年,他结束了历时7年的旅游生涯回到日本,开设了一家建筑师事务所。但是,没人承认他是一名建筑师,大家都觉得他异想天开:"一个没受过正规教育的人,怎么可能成为建筑师呢?"

面对质疑,他没有退缩,经过整整7年的不懈努力,1976年,他设计的"住吉的长屋"让他在日本建筑界崭露头角。

此后,又经过长达20多年的奋斗,他终于成长为了像柯布西耶那样的大师级人物——1995年,在他54岁时,他获得了有"建筑界诺贝尔奖"之称的"普立兹克奖",成为有史以来获此殊荣的第三位日本建筑师。

他就是被誉为"清水混凝土诗人"的安藤忠雄。他和"鸟巢"设计者赫尔佐格、央视新址设计者库哈斯被合称为世界三大建筑师。

可见,拥有一个精神上的偶像,时刻拿偶像的优点来进行自我暗示,能更容易让自己产生成功的意念。

6.肯定自己——心理暗示最有效的技巧

肯定自己,是自我心理暗示最基本的技巧,也是最有效的。

德国心理学家艾宾浩斯·赫尔曼指出:"和自己说话的基本前提和原则就是肯定自我。"

美国著名的心理学家哈罗德·凯利曾经做过一个与著名的罗森塔尔效应很相似的实验。当时正值新学年开学之际,哈罗德请校长分别叫3位教师来办公室,并且分配给他们一个很重要的任务:校长从全校挑选100名最优秀的尖子生,并且将其分为3个班,分别让这3位教师教授。校长还对这3位教师说,由于他们是全校最优秀和出色的教师,所以才将这个重任交给他们。由于这100名学生的成绩都是拔尖的,所以校长希望这3位老师能够认真教授,不要给最优秀教师的称号丢脸。这3位教师听到自己不但是最优秀的教师,还被委以如此重要的任务,内心都非常高兴,表示一定会努力培养学生们。但校长另外还叮嘱他们,对待这些学生要像对待其他学生那样,不要太过张扬。

这个实验在哈罗德·凯利博士的安排下正式开始了。一年之后,结果出来了:这3个班级的学生的成绩在全年级中是最好的。

其实,这些学生原本根本不是最优秀的,他们只是被随机抽取出来的最普通的学生,那3位老师也是随机抽取出来的普通教师。但就是这样的组合,却取得了如此优秀的成绩,不得不说,"肯定自我"的力量是巨大的。

这3个教师都认为自己是最出色的教师,所以他们在进行教学的时候总是会在内心进行自我心理暗示,肯定自我,并且对教学的工作充满了无限的信心。这激发出了他们潜意识中的潜在能量,让他们出色地发挥出了潜能力,最终,他们真的成了全校最优秀的教师。

这也证明了,在做任何事情的时候,哪怕是最困难的事情,如果能够充分地肯定自我,拥有强有力的自我暗示心理,你就向成功更进了一步。

很多球迷都很喜欢阿根廷的10号运动员梅西——他在2009年获得了"世界足球先生",多次带领球队冲进欧洲杯、国王杯的决赛,并连续4年获得国际足联的金球奖。人们除了喜欢球场上的梅西,还敬佩他幼年时对梦想的坚持及其曲折的成功历程。

生于1987年的梅西,在5岁的时候就表现出了自己的足球天赋,并开始在当地的一家俱乐部里踢足球,教练就是他的父亲。

然而,在11岁的时候,梅西却被医生诊断出因缺乏荷尔蒙而导致骨骼发育异常,这意味着他会长不高,骨骼的发育会受影响。而骨骼对一名足球运动员的重要性不言自明,甚至可以说,强壮的骨骼就像是战士的枪一样重要。所以当时的小梅西十分不开心,而家境的贫穷也让这个小男孩不得不放弃自己钟爱的足球。为了让儿子继续他的梦想,梅西的父亲不惜倾其所有为其治疗。

就在这时,巴萨的雷克萨奇听说了这件事情,他找到了梅西,观看了他的足球比赛,认为这是一位未来的足球新星,所以他把梅西带到了欧洲,并决定让其接受更好的训练和治疗。

2000年,13岁的梅西只有140厘米的身高,当时球队中的人们都笑话他,嘲笑他个子矮,差点连教练都放弃他。可是梅西却没有放弃自己,他总是在内心对自己说:"梅西,你可以的!"每次进一个球,他都会对自己说:"好样的!梅西,你是最棒的!"正是因为他的这种自我肯定,才让他内心的潜能无限爆发。他虽然在骨骼发育上有一定的障碍,但这似乎完全没有影响到梅西的足球技能。

很快,巴萨青年队的教练发现了梅西的超强天赋,迫不及待地想要与这位年轻的选手签订一份长达12年的合约,但是由于国际足联的规定,未满20岁的球员不能签超过5年以上的合约,所以这项合同也就只签到了2005年。在这期间,巴萨的教练竭尽全力地帮助梅西进行治疗,在2003年的时候,梅西的个子长到了169厘米。虽然个子依旧矮小,但梅西并没有为此而感到沮丧,他每天都会跟自己对话,鼓励和肯定自己,认为自己就是最优秀的选手。正是这种不服输的劲头为梅西带来了无穷的力量,让他一次又一次地攀登上国际足球运动的巅峰。

当然,肯定自我并不是说任何时候都要盲目肯定。

首先,在进行自我肯定的时候,要始终用一种现在进行的话语状态进行自我暗示,而不是用一些将来的话语状态。

比如,要经常这样对自己说:"我现在已经越来越棒了!"而尽量不要用"我将来一定会越来越好"。因为人在潜意识里会对这种自我肯定有一定的反应,如果你对自己说"我将会变得更好",你的潜意识很可能会传递给你"将来会变好吗? 很难说"这样的信息,而这会影响你的自我表现和潜能的发挥。

其次,自我肯定要在一种最积极的方式中进行。

"我再也不能懒惰了"和"我现在越来越努力和勤奋了"这两个自我认可的话语表达的意思看似一样,但是其积极程度却并不一样。前者虽然认识到了自己的懒惰,但是却没有下定决心改掉;而后者却有一种积极去实践的感觉,所以肯定自我要用一种最积极的方式进行。

再次,在进行自我肯定的时候,语句越简短越好。

肯定自我达到自我暗示是需要强有力的说服力的,而且一定要表达出强烈的情感,只有这样,才能深入人心,内心的自我暗示才能起到作用。那些长篇大论的自我肯定的语言缺乏情感上的冲击力,难以起到自我暗示的作用,不能激发出潜意识中的潜在能量。

最后,要让自己的潜意识相信你思想内的自我肯定。

在进行自我肯定的时候,我们要尽力创造出一种可信的感觉,只有这样,才能让潜意识完全接收这样的信息。而只有感到真实的存在感,才能达到一定的效果,从而让潜能量更加充分地爆发出来。

7.积极的环境给予正面的心态

离开不合适的环境是改造自我的第一步。一个能够唤起潜能的环境与成功存在很大的关系。

1856年,年轻的菲尔德来到芝加哥,这座不可思议的城市刚刚开始迈开它空前的发展步伐。当时的城市居民大约只有85000人,数年以前,它不过就是印第安人的一个贸易村。但是,这座城市的发展速度之快,连最为乐观的居民也始料未及。空气中到处都弥漫着成功的气息,许多贫困孩子在这里取得了巨大成功。这唤起了菲尔德的理想抱负,点燃了他想要成为一名伟大商人的心。

"如果别人能完成这些精彩的事情,"他自问道,"我为什么不能?"

纽约儿童法院的主任观护人在1905年的一次报告中说:"让孩子离开不合适的环境是改造他们的第一步。"纽约防止虐待儿童协会在对50多万儿童进行调查之后得出结论:环境的力量比遗传还强大。

即使是最强大的人,也无法超越环境的影响。无论我们的本性多么独立,意志多么坚强,我们还是会不断地被身边的环境所感染。就拿出身最好的孩子打比方,即使他拥有最优秀的遗传基因,如果由野人来抚养他,会有多少遗传基因被保留了下来呢?如果他从婴儿时期就在一个野蛮的氛围生活,长大后自然就会变得野蛮。

通常来说,我们会跟随生活当中相对比较强大的趋势起起落落。著名的诗歌《我是所有与我相遇的人的一部分》并不只是诗人的异想天开,这绝对是事实。所有的一切——听到的每一次讲座或谈话,每一个感动你生命的人——都会对你的性格造成影响。在这些交往或体验之后,你已经不再是原先的那个自己了。

多年以前,一群俄罗斯工人被俄罗斯一家造船公司送到美国学习美国造船技术以及美国精神。6个月之后,这帮俄罗斯人几乎与共事的美国技工相差无几。他们的野心、个性、个人主动性以及工作中的优异表现都得到了开发甚至进一步的提升。一年之后,他们回到了自己的国家,周围死气沉沉的环境开始对他们发挥作用。这些工人开始逐渐丧失对工作的激情和追求精益求精的愿望,变得按部就班,他们除了日常工作之外,没有任何新的目标,他们被兴奋环境激发出来的理想抱负再次陷入了沉睡状态。

如果你采访大多数的失败者,你会发现,许多人失败的原因在于他们从未接触过令人振奋的环境,他们的野心从未被唤起过,或者是他们的意志不够坚强,不能在令人沮丧的不利环境下振作精神。监狱与贫民院中的大多数人都是受环境影响的典型范例,这些环境将他们体内最邪恶的部分激发了出来。

无论你在生活中做什么,一定要不畏任何牺牲,尽量待在一个能够唤起你内在潜能、激发你自我发展的环境里。你要同理解你的人、相信你的人、帮助你发现自我以及鼓励你充分展示自我的人保持紧密的联系,这将对你到底是取得重大成功还是过平庸的生活起到决定性的作用。

人很容易受到环境的影响。人的天性中本来就有喜爱安逸、享受舒适的惰性。许多少年时满怀壮志、朝气蓬勃的人,最后之所以一事无成,大部分都是因为在安逸的生活、工作环境中待久了,渐渐地失去了斗志,缺少走出去为事业拼搏的勇气。再加上舒适的环境缺少激烈的竞争，人的思维能力和机变能力也会渐渐变得迟钝，失去敏锐性，最终，只能成为环境的奴隶，庸庸碌碌地走过一生。

有一个单位办公室门口摆着一个大鱼缸，缸里放养着十几条产自热带的杂交鱼。那种鱼长约3寸，大头红背，长得特别漂亮，惹得许多人驻足凝视。

一转眼两年时间过去了，那些鱼在这两年时间里似乎没有什么变化，依旧3寸来长，大头红背，每天自得其乐地在鱼缸里时而游玩，时而小憩，吸引着人们惊美的目光。

有一天，鱼缸的缸底被该单位领导那顽皮的小儿子砸了一个大洞，待人们发现时，缸里的水已经所剩无几了，十几条热带鱼可怜巴巴地趴在那儿苟延残喘，人们急忙把它们打捞出来。捞出来后，该把它们放到哪里呢？人们四处张望了一下，发现只有院子当中的喷水池可以当它们的容身之所。于是，人们把那十几条鱼放了进去。

两个月后，一个新的鱼缸被抬了回来，人们都跑到喷水池边来捞鱼。捞出来一条，人们大吃一惊，甚至有点手足无措。两个月，仅仅是两个月的时间，那些鱼竟然都由3寸疯长到了一尺！

对此，人们七嘴八舌，众说纷纭。有的说可能是因为喷水池的水是活水，鱼才长这么长；有的说喷水池里可能含有某种矿物质；也有的说那些鱼可能是吃了什么特殊的食物。

但无论如何，都有共同的前提，那就是喷水池要比鱼缸大得多。

环境可以塑造一个人，也可以毁灭一个人。如果生活在一个益于成长的大环境，人们可以更好地成长，更好地发挥自己才能；而如果生活在一个不宜成长的狭小环境中，由于受环境影响，人们无法施展自己的才能，往往会自暴自弃。

与其不断地抱怨坏环境，不如主动地适应环境，或选择环境，不断创造有利于自己的条件。

美国南部某州，每年都会举行一次番瓜大赛。一位农夫年年都是金奖得主，而且每次得奖后，他都会把种子分给邻居，从不吝惜。有人问他为什么如此好心，不怕别人超过自己吗？

他说："我这样做其实是在帮自己。"

原来，这位农夫的土地与邻居们的土地相连，如果别人家的番瓜品种很差，蜜蜂在传花授粉时，势必会使他家的番瓜受到污染，到时就培养不成优质的番瓜了。

环境的影响是巨大的，对植物如此，对人也是如此。有人说，在清华、北大住几年，哪怕不读书，也能受到一些熏陶。的确如此，你是否属于"优良品种"，取决于你身边的人。假如你周围都是庸才，你因缺乏一流的沟通，终将变成庸才；假如你的对手都很弱小，你因缺少有力的挑战，也终将变得弱小。

正在一家私人企业做主管会计的肖立，最近辞去了工作，进入了刚进驻本市开展业务的一家大公司，重新从底层做起。朋友问他原因，他笑说："老板不够狠。"原公司老板以温柔敦厚著称，某位经理因为收取回扣，造成了公司巨大的损失，证据确凿之下，被上司勒令离职。但是这位经理是老板的校友，别有一番私人关系，自己理亏，还敢越级上奏，结果竟被留了下来，既往不咎。

还有几位资深员工，在该公司完全赶不上发展速度，已经到了每天早上到公司喝茶、看报纸过悠闲生活的地步。公司人事部门在专业评估后，请这几位退休，他们就跑去跟老板哭诉。老板心软，又让他们留了下来。

由于老板心地好,不会主动辞掉员工,公司数百名员工的平均年龄,竟然高达50岁。放眼望去,白发者居多。虽然他也欣赏老板的慈悲为怀,但是几经考虑,这样的公司实在赶不上日新月异的时代,未来经营的危机很大,再待下去"就像坐上一班不久后一定会撞上山崖的慢车一样"。老板赏罚不分,仁慈到近乎懦弱的地步,他工作起来也没有什么动力,于是一咬牙,投靠到别的公司去了。

轻松的环境看起来是不错,工作又清闲,压力又小,是个养人的好地方。但它充其量只是一个"大鱼缸"而已,没有活水源,也没有自己的发展空间,表面的平静之下,其实隐藏着巨大的危机。员工们每天面对着自然状态下的轻松工作环境,用不了多久,就会失去朝气,陷入周而复始的古老生活状态中,变成一群平凡而庸碌的人。即使中间还有有冲劲、有抱负的年轻的个体,时间一久也会被同化。这时再想出来,已经跟不上外面的节奏了,只能被时代无情地抛弃。

所以说,一个人要想有所作为,就不要去寻找容易的工作。安逸的环境、容易的工作没有多少压力,每天都轻轻松松,激发不了人的斗志,挖掘不出生命深处的潜力。

在任何情况下,我们都应该把自己放在能够焕发斗志的环境中。只有这样,才可以让我们渐渐走上发展事业的道路。另外,这样的环境也可以迫使我们慢慢克服自己身上的惰性,不断地在压力中面对挑战,挖掘自身的潜力,开创出辉煌的业绩。

当然,这里说的环境不是狭义的,还可以是人、事物、声音、光等。身处让自己放松、愉快的人和物中(可以不断提醒自己周围的人和物的优点),热情的红色能提高情绪,舒缓的音乐能减缓烦躁,还可以在镜子里观察自己的神态,不断赞美自己、鼓励自己。

8.截断负面情绪，引入正向思考

正向思考是一种强大的力量，它不仅能让我们的心智变得坚定、积极，而且会直接作用于我们的身体，使我们获得心灵、身体的双重支持。

经科学家研究证明，正向思考的神经系统所分泌的神经传导物质具有促进细胞生长发育的作用。因为人体的神经系统与免疫系统相互关联，所以在人们展开正向思考时，身体的免疫细胞也会同样变得活跃起来，并继续分化出更多的免疫细胞，使人体的免疫力增强。所以，一个积极面对生活、对身边一切经常采取正面思考的人，更不容易生病，也更容易获得长寿、健康的人生。

另外，研究学者寇菲也指出：人们在挫折面前，有超过9成的人会有退缩、攻击、固执、压抑等反应，而善于运用正向思考的人会有这些反应的比率则低于1成。

美国心理学家马丁·塞利格曼也曾对修女做过一项关于快乐和长寿的研究。被纳入研究范围的180位修女几乎都过着有规律的与世隔绝的生活，不喝酒也不抽烟，几乎吃着同样的食物，都有相似的婚姻和生育历史，社会地位以及享受到的医疗照顾基本相同，但这些修女的寿命和健康状况差别却很大。其中有人年纪接近百岁仍然身体健康，而有人则在年过半百时就患病而终。

后来塞利格曼发现，那些寿命较长的修女总是拥有着快乐、积极的生活态度。一位98岁的修女曾在她的自传中写道："上帝赐给我无价的美德使我起步容易。过去一年在圣母修道院的日子非常愉快，我很开心地期待正式成为修道院的一员，开始与慈爱天主结合的新生活。"

这位修女的健康与长寿很大程度上得益于她乐观的心态。

可见，正向思考带给我们的力量是由心至身的，也是巨大的、不可替代的。它带给我们无限向上的力量，让我们即使面对逆境也能保持乐观、积极的心态，不会因为遭遇困难而怨天尤人、一蹶不振，更不会郁闷成疾。它是可以由我们自行制造的健康保护伞、心理调节器。

一天，美国前总统罗斯福的家中失窃，损失了很多钱财。一位朋友得到消息后立刻给罗斯福写了一封信，希望可以安慰他一下。不久，这位朋友收到了罗斯福的回信，信中写道：

"亲爱的朋友，非常感谢你来信安慰我，我现在很平安，请你放心，而且我还要感谢上帝：首先，小偷偷去的是我的东西，但是没有伤害到我的生命；其次，小偷只偷去了我家的一部分东西，而不是所有；再次，最让我值得高兴的是，做小偷的是他，而不是我。"

这是一个广为流传的故事，罗斯福所列举出的三条感谢上帝的理由，充分显示了他作为正向思考者的特质。

了解并认识正向思考者所具备的特质，并将其与自身相结合，也是一个剖析自我、认识自我，并间接完善自我的过程。

善于正向思考的人都有着几乎相同的人格特质，对于人生的态度也惊人地相似，这让他们拥有了把握精彩人生的巨大力量，使他们时刻心怀感恩、积极向上，为自己的生命而歌。正如霍金所说："我的大脑还能思维，我有终生追求的理想，有我爱和爱我的亲人和朋友，对了，我还有一颗感恩的心……"这成为了那些正向思考者始终都在心中哼唱着的歌谣。

归纳来看，正向思考者所具备的特质主要体现在以下三个方面：

(1)能够坦然面对现实。

现实也许并不总是像我们想象的那样美好，难免会上演悲伤与落寞，逃避现实只能让它们越来越近，而唯有面对，才能获得与之抗争的勇气与力量。

(2)拥有深信"生命有其意义"的价值观。

　　任何一个生命个体都有其独特的意义。完全地发挥生命的内在力量,并将这些力量服务于社会,贡献于世界,那么,每个生命都将闪现出耀眼的光芒,获得世界的认可。

　　(3)实时解决问题的惊人能力。

　　行动是一切事物得以实现的重要因素,如果只说不做,再多的思考也是徒劳。具备解决问题的惊人能力,才能获得推动事物发展的实力。

　　这三条特质概括地诠释了人们驾驭自我、实现生命完整价值的过程:树立信心、坚定信念、实施行动。这是需要被我们深刻体会的,信心需要多大,信念需要多么坚定,行动需要付出多少艰辛与努力,都是需要我们每个人去深入了解的。

第 八 章

读懂他人心态

—— 学会识别他们的情绪

1.任何成功离不开好人缘,读懂他人心理很重要

在《三国演义》中,曹操"挟天子以令诸侯",天时可谓备矣;孙权尽掌东吴,地利更是占尽;而刘备独凭"人和"之势,从一布衣,却能划天下为三而独占其一,足见"人和"在这三种因素中的最不可小觑之处。

透过"三国争霸"的历史,我们完全可以窥出这样一条真理:天时不如地利,地利不如人和。强者,就算"天时、地利"占尽,没有"人和",仍然可能功亏一篑;弱者,哪怕只具"人和",仍然有一争的机会。这对我们当下的现实生活具有极大的指导意义。

拥有"天时"时,你运气很好,机会总是光顾你;占据地利时,你做的行业是当下最流行、最火爆的行业;但这些都不如"人和",唯有"人和"是成事的最得力助手。当你拥有了无数朋友,即便刚开始你貌不惊人、一文不名,但你仍然可以鲤鱼跳龙门,麻雀成凤凰。

人和,对一个人事业的影响难以估算,所以凡是经历过生意场上的大波大折、大风大雨的大智慧者,都力劝后来的人们对"人和"的培养要花费大心血。美国石油大亨洛克菲勒曾直言不讳地说:"我愿意付出比天底下得到其他本领更大的代价,来获取与人相处的本领!"

有识之士都认识到了这一点,所以他们平时就很注重对"人和"要素的培养。他们广交朋友,博纳雅言,于是人心所向,顺理成章地攀上成功的巅峰。

然而,现实生活中更多的人却在无视甚至是蔑视"人和"的重要性。他们从不注重人脉的培养和维护,关闭了通向外界的窗子,虽然成功可能就在窗外,只有一步之遥,但这一步之遥却成了他们一生都无法逾越的屏障。

想要创造良好的人际关系,就必须从了解对方的个性、看穿对方的心思开始。

那些时常一起聚餐闲聊的朋友是什么样的个性,我们当然非常了解。但是面对一些初次见面却又不得不寒暄应酬的人,洞悉对方的个性,针对其个性特点处理与其的关系,是达成有效沟通的关键。

《孟子》中有一段说:"存乎人者,莫良于眸子。眸子不能掩其恶。胸中正,则眸子了焉;胸中不正,则眸子眊焉。听其言也,观其眸子,人焉廋哉。"意思是,观察人的邪正,没有比观察他的眼睛更准确的了。眼睛不能遮掩人的恶念。心正,眼睛就明亮;心不正,眼睛就昏昧。听了他的话,再看他的眼睛,人的邪正,哪里隐藏得过去呢?

这段话告诉我们,有时表情比言语本身更能表达人们内心的动态。人类五官之中,眼睛是最敏锐、最诚实的。所以,对职场中的人来说,学会察言观色很重要。

此外,说话的速度、音调、节奏等,也能帮助我们揣摩对方的心理。比如,说话的速度常常能反映一个人的心情。说话快的人突然慢下来,那他可能有些不满;而说话慢的人忽然加快语速,那么他可能在说谎,或者心中怀有愧疚。又如说话的音调，一般人说谎时，由于害怕事情被揭穿，音调会不自主地提高，同时，为了反对他人的意见，也可能提高自己的音调。说话的节奏也很重要。节奏比较顺畅时，说明他很有信心；若张口结舌、吞吞吐吐，说明他缺乏自信等。

现实生活中，每个人的观念都不太一样，必须多沟通，以促进彼此的了解，把对方的价值观和人生观摸清楚，然后再来评断，这样才能比较准确。否则把坏人当成好人，将好人看成坏人，不但自己吃亏，也会引起他人的不满。特别是一些老于世故的人，喜怒不形于色，人们很难从表情上看出他的内心活动，若非经过多次观察，最好不要轻率地加以判断。

另外，我们还要注意几点：

(1)在解读他人心意时，不仅要注意他说了些什么，更要看他是怎么说的。

(2)需要敏锐的观察力来解读对方的心意。

(3)肢体语言反映的，有时候是一种生理状态(例如背痛)或一时的心智状况(例如沮丧)，而不是更常态性的人格特征。

(4)不同的情绪，可能会经由类似的行为来宣泄，所以，千万别死记每个单独动作的意涵，而要看整体的套装行为来做判断。

2.从语言了解对方心态，是取得胜利的关键

我们可以从对方言谈的微妙之处观察其性格特征和内心活动。

在谈吐中常说出"果然"的人，往往自以为是，强调个人主张；经常使用"其实"的人，任性、倔强、自负，希望别人注意自己；经常使用"最后怎么怎么"一类词汇的人，大多是其潜在的欲求未能得到满足。

对办事对象的了解,不能停留在静观默察上,还应主动侦察,采用一定的侦察对策,去激发对方的情绪,这样才能够迅速准确地把握对方的思想脉络和动态,从而顺其思路进行引导,使会谈更易于成功。

如果对方说:"我没时间!"

那么你应该说:"我理解,我也老是时间不够用。不过只要3分钟,您就会相信,这是个对您绝对重要的议题……"

如果对方说:"我现在没空!"

那么你就应该说:"先生,美国富豪洛克菲勒说过,每个月花一天时间在钱上好好盘算,要比整整30天都工作来得重要!我们只要花25分钟的时间!麻烦您定个日子,选个您方便的时间!我星期一和星期二都会在贵公司附近,所以可以在星期一上午或者星期二下午来拜访您一下!"

如果对方说:"我没兴趣。"

那么你就应该说:"是,我完全理解,对一个谈不上相信或者手上没有什么资料的事情,您当然不可能立刻产生兴趣,有疑虑、有问题是十分合理自然的,让我为您解说一下吧,星期几合适呢?"

如果对方说:"我没兴趣参加!"

那么你就应该说:"我非常理解,先生,要您对不晓得有什么好处的东西感兴趣实在是强人所难。正因为如此,我才想向您亲自报告或说明。星期一或者星期二过来看您,行吗?"

如果对方说:"请你把资料寄过来给我怎么样?"

那么你就应该说:"先生,我们的资料都是精心设计的纲要和草案,必须配合人员的说明,而且要另外按个人情况再做修订,等于是量体裁衣。所以,最好是我星期一或者星期二过来看您。您看什么时候比较合适?"

如果对方说:"抱歉,我没有钱!"

那么你就应该说:"先生,我知道只有您才最了解自己的财务状况。不过,现在弄个全盘规划,对将来才会最有利!我可以在星期一或者星期二过来拜访吗?"或者是说:"我了解。要什么有什么的人毕竟不多,正因如此,我们现在开始选一种方法,希望能用最少的资金创造最大的利润,这不是对未来的最好保障吗?在这方面,我愿意贡献一己之力,可不可以下星期三或者周末来拜见您呢?"

如果对方说:"目前我们还无法确定业务发展会如何。"

那么你就应该说:"先生,我们行销比较担心这项业务日后的发展,您先参考一下,看看我们的供货方案优点在哪里,是不是可行。我是星期一过来,还是星期二比较好?"

如果对方说:"要做决定的话,我得先跟合伙人谈谈!"

那么你就应该说:"我完全理解,先生,我们什么时候可以跟您的合伙人一起谈?"

如果对方说:"我会再跟你联络!"

那么你就应该说:"先生,也许您目前不会有什么太大的意愿,不过,我还是很乐意让您了解,参与这项业务会对你大有裨益!"

如果对方说:"说来说去,还是要推销东西?"

那么你就应该说:"我当然是很想销售东西给您了,不过,只有这东西让您觉得值得期待,我才会卖给您。有关这一点,我们要不要一起讨论研究看看?"

如果对方说:"我要先好好想想。"

那么你就应该说:"先生,其实相关的重点我们已经讨论过了,容我直率地问一问:您顾虑的是什么?"

如果对方说:"我再考虑考虑,下星期给你电话!"

那么你就应该说:"欢迎您来电话,先生。您看这样会不会更简单些?我星期三下午晚一点的时候给您打电话,还是您觉得星期四上午比较好?"

如果对方说:"我要先跟我太太商量一下!"

那么你就应该说:"好的,先生,我理解。可不可以约夫人一起来谈谈?约在这个周末,或者您喜欢哪一天?"

3.破解服饰背后的心理玄机

对初次见面的人,我们常注意他的穿着与打扮。曾经有位喜剧演员穿着乞丐的服装,进入数家商店做实验,结果都被赶出来了,甚至招揽出租车时,也因为穿着破旧衣服而遭到了拒绝。

总之,服装是身份及地位的重要表征,这点不容忽视。

服装与配戴物给人的第一印象有很大的影响力,因为穿着必须配合其活动场合,不同的穿着会有不同的行为举止。一个人的生活素质及周围人对他的看法,都可从服饰上展现出来。

喜欢外国名牌服饰的男性,有一种别人无法与自己相提并论的自负感。例如,拿着名牌东西走在街上,又故意把牌子显于人前,这表示他希望让人知道他过着高水准的生活;而开进口大轿车者,也大多具有某种程度的炫耀心态。

服装或配饰在一个人尚未开口讲话之前,已经在不知不觉中泄露了很多有关他的事。所谓"一样米养百种人",同样的道理,一件衣服也可以穿出百种风情,而且每个人因为审美观的不同,在穿衣的表现上也往往因人而异。这种在衣着上的表现手法和一个人的性格是密不可分的。如果从服装样式来归类,不难瞧出一个人个性上的些许特征。

从衣服的颜色看人

通常,上班族穿着的西装颜色,灰色占绝大多数。这些选择灰色系西装的人,是白领阶级中最平凡、标准的一群,同时也是最容易融入团体的一群。在重视群体协调、不鼓励个人英雄主义的社会中,这种穿着可说是最稳当也最万无一失的。而这种趋进保守的个性所从事的职业,也多半以事务性、一般性的工作为主。

如果你认为他们都是平庸无能的一群,那你就犯了以偏概全的毛病。在这群平凡人当中,也有实力派人士潜藏其中。他们认为自己有能力,根本不需要借助奇装异服、标新立异来凸显自己,那是没实力者才会耍的小手段。

灰色又分为好几种不同色调的灰。喜欢明亮灰色的人注重整洁;选择深灰色的人性格较稳重。

对深蓝色西装有特别偏好的人,往往会替自己立下远大的目标。为了实现这个目标,他们会发挥强劲的意志力,希望能过上被人肯定的有意义的人生,也期望能凭一己之力对社会有所贡献。他们的工作态度认真,行事谦恭有礼。自我目标逐步达成后,他们会更加充满自信,展现出更为积极的人生态度。但也正因为他们希望目标实现的欲望非常强烈,若无法达成,则会马上变得愤世嫉俗,甚至把失败的原因归咎于他人。在酒席间突然借酒发疯,偏激地大发牢骚,就是这类人失意时的典型表现。

喜欢穿着咖啡色系服装的人,在巧妙、得体的服装搭配下,外表看起来会呈现出利落、干练的形象。但实际上,这类人多半比较孩子气,一旦事情无法如愿,他们就会闹别扭、发脾气,不满的情绪会马上表现出来,感情来得快,去得也快。

喜好咖啡色的人勇于表达自己的意见是为了凸显自己。这类人做事优柔寡断、举棋不定,永远无法一本初衷坚持自己的意见,很容易就被他人的想法左右。身为一名主管,如果拥有这种性格,是无法赢得下属们的信赖的,人际关系也无法顺利发展。

整体而言,咖啡色系服装的爱好者总是给人不够亲切、难以亲近的感觉,如果你正好喜欢穿这一色系的衣服,那就需要好好调整自我了。

从衣服的品位看人

喜欢穿华丽服装的人,大多自我表现欲强,有的甚至华丽过度,成了所谓的奇装异服。一般而言,这一类人还伴随有歇斯底里的性格倾向,对于金钱抱持着强烈的欲望。

衣着朴素的人,则多半属于顺应体制的类型。这类人通常都执著于传统,对事物的观察缺乏主体性。

　　而平常衣着朴素,但在特定场合、情况下喜欢穿华丽服装的人,虽属于顺应体制型,但也拥有个性化的自我主张,经常利用声东击西的手法来掩饰身上的弱点。例如,对自己的容貌缺乏信心的女子,会通过穿迷你裙来转移别人的注意力;秃头的男士则通过进口的高级皮鞋,来削减他人对顶上毛发稀疏的注意力。

　　对流行时装敏感的人,也属于顺应体制型。这类人不但缺乏主见,还缺乏自信,看到别人怎么穿自己便怎么穿,从不考虑身材、年龄是否适合,借此混在流行服饰的浪潮中,让自己消失在统一的格调里,因为这样他们就不需要直接面对自己,或思考自己应该如何展现自我。

　　完全无视于自我的喜好,一味追求流行赶时髦的人,大都有孤独感,情绪亦不稳定。

　　而对流行毫不在乎的人,则属于个性强烈的典型。但也有一种人由于种种原因,把自己关在象牙塔里,唯恐被"社会化",而失去自我的特殊性。这种人不易与人相处或共事。

　　衣着无固定类型,式样、颜色、质料变幻无常,让人无法了解他的真正喜好的人,大多属于情绪不稳定、缺乏协调性的类型。这种人在潜意识里有一种逃避现实的心理。

　　偏好条纹式西装的人无法用客观的眼光来看待、分析自己,对事物的看法非常主观,无法认清自己在他人眼中的形象和地位,想法单纯而直接。这类人主观地认为自己无所不能,即使犯了错也不会承认,甚至将错就错。他们总是觉得自己高人一等,当看到有人跟自己同样穿着条纹式西装时,便会不假辞色地批评"这种西装一点儿也不适合他们"。即使被当面指责,他们也不知自我反省,依然我行我素。所以,对于这一类型的人最好敬而远之,他们在群体中被孤立是必然的事情。

　　喜欢穿格子西装的人,大多是权力至上的野心家。他们对人充满了攻击性,心机深重,金钱欲望强烈,属于现实主义者。当他们遇到鱼与熊掌不能兼得的情况时，会很现实地选择有利于自己的一方，坚守"有钱能使鬼推磨"的信念。虽然外表冷漠，不轻易流露感情，但其内心深处仍有脆弱、多愁善感的一面。

还有一种人，原本穿着特定格调的服饰，突然之间风格大变，穿起了与以往风格完全不同的服装。这种人很可能在物质或精神方面受到了刺激，情绪有所变化，或内心有了新的决定，所以外表上也出现了崭新的造型。

还有义无反顾追逐流行的人，倘若模仿的对象能从一而终，倒也没什么不好；但若是A蹿红时就追随A的脚步，B崛起时就模仿B的造型，那将他视为"无法信任的人"准没错。因为其反复无常、难以捉摸的个性，会不断变更自己所订下的方针，让人无所适从，所以，这类型的人永远无法建立稳定长远的人际关系。

装扮全身却忽视鞋子的人

你可曾细心留意周围的人足下穿着何种样式的鞋子？我们经常将目光集中在对方的服饰或配件上，很少游移到脚的部分。会从上到下打量一个人，连鞋子都不放过的人，应该不多吧！有了这种想法，鞋子被忽视也就很自然了。

西装上只要染上一点点污渍，我们便会紧张地送往洗衣店，同样的情况发生在鞋子上就没有那么在意了。因此，一个连足下的打扮都不放过的人，肯定是相当注重形象的人，从头到脚甚至于细微的地方都照顾周到，毫不忽视。

通常，拥有30套服装的人不见得同时拥有30双鞋子。而会利用各式各样不同的鞋型来搭配服装的人，对于自己的外表仪容肯定格外地重视，当然，这必须在经济方面比较宽裕的情况下才行。

一般人大多只注意到上半身的打扮是否合宜，而忽略了鞋子是否搭配得当。所以，能够将全身上下都顾虑周全的人大多有不错的平衡感，待人处世方面也能做到周全得体。

全身上下都穿着名牌货,只有鞋子是便宜的地摊货,这类只着眼于人们注意得到的地方,而将不显眼的地方草草略过、眼不见为净的人,大多虚荣心比较强,只注重表面功夫。

据说,日本警视厅的警察都以"服装穿着打扮是否协调"的标准来注意马路上过往的行人。例如,身上西装笔挺,鞋子却脏兮兮、松垮垮的,或者服装邋里邋遢,鞋子、皮包却闪闪发亮,这种装扮极不协调的人往往会被重点关注。同样的,我们也可以拿这一点来作为评断他人的准则,以及整理自己仪容时必须注意的事项。

4.肢体动作透露一个人的真实心思

人的表情是情绪的晴雨表。如果强忍情绪佯装面无表情,情绪便会在手脚的动作中流露出来。所以,要想知道对方的想法,除了面部表情之外,仔细观察对方的肢体动作,也会有所收获。

当你发觉对方神色有异时,偷偷瞄一下桌子底下,或许对方的脚正在不安地晃动着!

有一则短篇小说《手帕》,主角是一个刚失去孩子的寡妇。大家原以为她会很伤心,可她的表情却看不出有何特异之处,人们在无意间瞥见桌上手帕被揉得很乱,才知道她刚刚哭过了。可见,人的本性容易在细节上暴露出来。

喜欢以碰触他人身体表示友好

"近来如何?""好久不见,最近过得好吗?"边寒暄,边将手搭在对方肩上,另一手则紧紧握住对方的手,这种习惯以碰触他人身体表示友好的人,多半是政治家或是中小企业的董事长。虽说此举是为了表现亲和力,但难免令人感觉过度亲昵而浑身不自在。所以,如果你有这种习惯,又不懂得分寸的拿捏,就会被贴上不受欢迎的标签,尤其是当男性对女性朋友做出这类动作的时候,很可能被认定为性骚扰。

初次见面就以碰触对方身体来打招呼的人,通常都特别自信。这种人完全不在乎对方的感受,单凭直觉认为这种举动可拉近彼此的距离,把他人当作自己的部属来照顾,就像爱护宠物一样。

若你乐于接受这种人的举动,便会得到很好的照顾;反之,他会认为你"背叛"了他,翻脸就像翻书似的,将你赶出他的势力范围。

和这种人相处,如果一开始你就甘心以部属的身份跟随他左右,那你将永远无法翻身,一直都得看人眼色,在人屋檐下低头。如果你不希望如此,那么在刚开始交往时就必须有技巧地与这种人保持适当的距离,避免成为他的"身边人"。因为时日一久,当你不想再追随他时,他便会有"被自己饲养的狗咬了一口"的感觉,从而与你反目成仇,甚至把你视为敌人。

如果突然之间,他不再像以往那样对你勾肩搭背,那你就应该小心了,因为肢体语言告诉你,他已经将你排除在朋友之外了。

握手也能传情达意

工作上即将展开一个新的计划时,初次合作的伙伴们一定会先互相打招呼,握手寒暄,若你对这个计划充满干劲,伸出去的手自然也就充满了力量。根据肢体语言学专家马莱比昂的研究,一个强而有力的握手,会将自己的热情、温暖及善意传递给对方。它意味着"我们一起加油吧"或者"我对你的印象很不错"。

但在某些情况下,握手代表的也可能是"我绝不会输给你"的挑战。目不转睛盯着对方,令对手感到压力,借助用力的握手告诉对方,我才是主导者,在气势上便赢了一大截。不论想表达的是哪一种意义,被握者皆能感受到其力量与热诚;相反,缺乏干劲、柔弱无力的人,其伸出来的手想必也是有气无力的。

马莱比昂认为,虚软无力的握手,传达的是缺乏诚意、不想和你共事的感觉。这种消极的态度,单凭一个握手便会传达给对方,让对方洞悉你的心意。所以,就算你内心有所顾忌,但对于初次见面时的握手,还是不应该轻视。

以下手的动作即表示同意的态度,如遇对方有如此动作,你大可松一口气,与他进行进一步的交流。

——手腕放松,没有握拳。

——手掌张开,放在桌上。

——拿开桌上的障碍物。

——托着下巴作思考状。

如果他的手出现以下动作,那你则要小心了,这些代表否定的态度,你要提高警惕。

——胸腹前两手握拳。

——双肘打开,两手放腿上。

——两手交叉放在脑后,使身体向后摇动。

——手指面对你,做数数字状。

——与对方谈话时,不断移动桌面上的东西。

——把抽屉打开又关上,好似寻找东西。

——用手指压住额头中间。

——用双手托着下巴。

——用手掌轻拍桌面。

以上皆表示"我不高兴"、"我不想说话"、"我不同意"的心理。此时不适合再采取说服对话的说词,而应结束对话起身告辞,或改变话题。

脚的动作可以传达出距离感

脚的明显动作如脚尖拍动及摇晃,据心理学解释是为了减少紧张。坐着时,脚张开意味着轻松自在;若是彼此相对则表示容纳你;两脚紧闭代表拒绝你及自我防备之意。

在公园长椅上的情侣，由手臂、肩膀、姿势、坐的位置，可看出其亲昵的程度。若二人都翘起二郎腿，彼此向着对方的方向，脚尖还不时地晃动，象征不许别人干扰他们的二人世界。而二人脚尖似乎有磁铁般，互相吸引。

没有特别的恋爱关系，膝盖和脚尖会向关心自己的人的方向晃动；反之，则表面上似有好意，实际上脚抬起的方向却不相同；膝盖面对着你，表明心里想远离。

走路姿态是性格的表象

走路虽是与生俱有的天赋，但是这种看似不经意的动作，有时反而最能反应一个人的特性。譬如，因循守旧之人与明快果断之人，其走路姿态绝对是迥然不同的。所以，随着每个人走路姿态的不同，我们可以从中找出姿势与个性的联结。

——步履平稳型

这种人注重现实，精明而稳健，凡事三思而后行，不好高骛远，重信义守承诺，不轻信人言，是值得信赖的人。

——步履急促型

不论有无急事，任何时候都显得步履匆匆。这类人做事有效率，遇事不推诿卸责，精力充沛，喜爱面对各种挑战。

——上身微倾型

走路时上身向前微倾的人，个性平和内向，谦虚而含蓄，不善言辞。与人相处，外冷内热，表面上沉默冷淡，实际上极重情义，一旦成为知交，便至死不渝。

——昂首阔步型

这类人以自我为中心，凡事只相信自己，对于人际关系较淡漠，但思维敏捷，做事有条不紊，富有组织能力，自始至终都能保持自己的完美形象。

——款款摇曳型

这种走路姿态多半是女性,她们腰肢款摆,摇曳生姿,为人坦诚热情,心地善良,容易相处,在社交场合中永远是受人欢迎的对象。

——步履整齐、双手规则摆动型

这类人对待自己如军人般,意志力相当坚强,具有高度组织能力,但容易偏向武断独裁,对生命及信念固执专注,不易为人所动,不惜牺牲性命去达成自己的目标与理想。

——八字型

双足向内或向外,形成八字状,走起路来用力且急躁,但是上半身却维持不动。这种人不喜欢交际,但头脑聪明,做起事来总是不动声色,偶尔有守旧和虚伪的倾向。

——漫不经心型

步伐散漫,毫无固定规律可循,有时双手插进裤袋里,双肩紧缩,有时双手伸开,挺胸阔步。这种人达观、大方、不拘小节、慷慨、有义气、有创业的雄心,但有时容易变得浮夸,遇到争执绝不肯让人。

——脚踏实地型

双足落地时铿锵有力,抬头挺胸,行动快捷。这种人胸怀大志,富有进取心,理智与感情并重。

——斯文型

双足平放,双手自然摆动,走起路来异常斯文,毫不扭捏。这种人胆小、保守,缺乏远大理想,但遇事冷静沉着,不易发怒。

——冲锋陷阵型

行动快速迅捷,从不瞻前顾后,不管人群拥挤或人烟罕至之地,一律横冲直撞。这种人性格急躁、坦白、喜交谈,不会做出对不起朋友的事。

——踌躇不决型

举步维艰,踌躇不前,仿佛前端布满了陷阱。这种人个性软弱,逢事思考再三,瞻前顾后,但憨直无欺,重感情,交友谨慎。

——混乱不堪型

双足与双手挥动不平均,步伐长短不齐,频率复杂。这种人善忘、多疑,做事往往不负责任。

——观望不前型

行走迟缓,犹犹豫豫,闪闪躲躲,仿佛做了亏心事。这种人胸无大志,好贪小便宜,不善与朋友交往,喜欢独处,工作效率低。

——扭捏作态型

走路如迎风杨柳,左右摇摆。这种人好装腔作势,做事不肯负责,气量狭小,个性奸诈,善于谄媚。

——吊脚型

步履轻佻,身躯飘浮。这种人生性狡猾,有小聪明但不能用在正处,性情阴沉,愤怒不会显露于脸上。当他肯帮助别人时,通常都要索取高昂的代价。

——踉跄型

举步蹒跚,忽前忽后,喜欢在人群中东奔西窜。这种人做事粗心大意,但慷慨好施,不求名利,安分守己,爱热闹,健谈,思想单纯,喜欢做户外活动。

——携物型

走路总爱携带物品,如书籍、腰包等,否则就觉得空荡荡无所依恃。这种人心情忧郁、性格内向,又或者是悲观主义者,或有严重的自卑感。

眼神是思想的验钞机

一起聊天时,视线总是飘移不定的人,其心中也一定起起伏伏,无法平静下来,这类人多半属于不够沉着稳重的类型,在其飘忽不定的眼神里,我们可以隐约读到他们脑子里正在思索的事情。

比如,警方锁定窃贼惯犯时,会仔细观察嫌疑犯的视线。因为正在物色猎物中的小偷,他的视线会不停地到处扫描,只有在寻获到目标物时,其视线才会安定下来。

不只是小偷,当人在思索事情时,视线通常也会随之左右移动。所以,视线不断移动表示其人还处于思虑无法整合的状态下,脑中思虑未果的情形便会无意识地流露于眼神之中。

只有当所思考的事情有了雏形,或大致理出了头绪,视线才会安定下来,眼睛或闭或凝神望向远方,丝毫不受外来刺激的影响。

将所有事情理清,且欲传达给他人知道时,视线便会很快地集中于前方。

在会议上或是其他场合中,你若试着观察其他人,将可发现其中有视线游移不定的人,也有一些视线沉稳的人。借助对方视线移动的方式,可以了解这个人脑中正处于什么样的状态。

以下列出几点供读者参考:

——眼睛直直盯着对方,心中可能有隐情。

——在交谈的空档停下来注视对方时,表示说话内容是自己所强调的,或希望听者能理解其中的内涵。

——初次见面先移开视线者,多半逞强好胜,想处于优势地位。

——与对方的眼神一接触便立刻移开目光者,大都有自卑感或心理有缺陷。

——看异性一眼后,便故意转移目光者,表示对对方有着强烈的兴趣。

——喜欢斜眼看人者,表示对对方怀有兴趣,却又不想让对方识破。

——仰望对方时,表示对对方怀有尊敬和信赖之意。

——俯视对方者,欲向对方显示威严。

——视线不集中在对方身上,迅速移转者,大多属于内向的人。

——视线左右晃动,表示他正陷入苦思冥想当中。

——谈话时,目光突然往下望,表示此人正陷入沉思状态。

在职场上经常可以遇到自顾自地说话,从来不愿碰触对方眼神的人。例如,公司的资深前辈把你叫到他座位旁商量事情,两手却不停翻动桌上的资料,口中喃喃自语,最后眼睛望着别处说:“嗯!你也辛苦了,多多加油吧！"真不知他这句话是在鼓励自己，还是在慰劳别人。

和这种人在咖啡厅喝咖啡时，即使面对面地坐着，也无法确定他到底是在看隔壁的情侣，还是在观察墙上壁纸的图案。虚无缥缈的眼神令人捉摸不定，让你完全无法感受到心领神会的聊天气氛。

这种类型的人，实际上非常在意对方对自己的看法，也十分重视他人对自己的评价。视线交接时犹如被他人看穿的羞耻感令他害怕迎接别人的目光，无法放松心情，总觉得他人的视线带有判断自己、仲裁自己，甚至处罚自己的意味。

孩提时，当父母以恶狠狠的目光盯着我们时，心里总会想："糟了！我是不是做了什么错事，被爸妈知道，惹他们生气了？"这种经历相信很多人都有过。没有做亏心事时还好，若心中有鬼，就无法正视父母的眼神。这种情结延续到长大成人，就会导致当事人无法坦然地迎接他人的眼光，老是担心自己是否做了什么不得体的事，是否说错什么话而得罪了他人。

这种人小时候呈现出来的反应可能只是做事任性、情绪不稳定而已，但长大成人之后，不成熟的个性中却隐含有城府颇深的一面。为了实现自己的欲望，他们会不惜使用卑劣的手段，向位高权重者阿谀奉承，就像儿时在父母亲面前装成听话的乖孩子，背着父母时则完全变了个模样，十足一个阳奉阴违的个性。

但这类人也并非一无是处，他们的想象力往往比常人丰富，若能将这运用在现实生活中好的一面，结合周围的资源与友人们的帮助，进而使自己的性格变得圆融成熟，未来开创出一番非凡的大事业也不是没有可能。

从嘴的动作了解对方

嘴巴和面部表情是感情的两大表达途径。嘴巴最显著的动作是笑，人的笑容可以分为许多种，有微笑、大笑、傻笑、狂笑、苦笑、嘲笑、含蓄的笑、忍不住窃笑、皮笑肉不笑等。能表达"笑"的语言很多，笑的面部表情的变化也不少。一般而言,有"笑"的场合,气氛都较为轻松。当场面尴尬或空气紧张时,如果能有一个人讲个笑话引起大家发笑,紧张的局面马上就可以得到缓解,由此可见笑的魔力之大。

此外,总是面带笑容的人较容易使人接近,能增加双方的亲密度,迅速增进友谊;若是在较正式的谈话场合,如商业谈判及讨论会议中能够始终露出笑脸,将更有助于谈判的顺利进行和问题的解决。

笑是嘴的一种很开放性的表达感情的方式,那么,嘴部的其他动作又能传达出什么意思呢?

——舔唇

经常舔嘴唇的人,大多属于思维活跃、头脑灵活型。他们判断事物准确,从不主观臆断其好坏,说话总是有理有据,而且无论观点遭到多少人的反驳,大多能自圆其说,令对方不得不点头称是。不过,这种人也有心术不正的一面,当其欲为个人谋利,或个人利益受到侵犯时,一般会采取打击报复的行为,信奉"人不为己,天诛地灭"的人生哲学。如果你的身边有这种人,最好敬而远之。

——舌头在口腔内打转

有这种习惯动作的人,通常对对方缺少尊重,抑或是对你的看法与观点表示不满和不同意。这种人的生活态度并不是很严谨,以一种顺其自然的方式处理生活中的人际关系和事情,由于个性较孤傲,所以令人很难接近。但是这种人绝不是人性险恶的小人, 他们大多喜欢随遇而安,今朝有酒今朝醉,"明朝事天自安排"是他们性格的集中体现。如果你是一个自尊心不是很强,而又时时需要轻松快乐一下的人,这样的朋友无疑是一个不错的选择。

——嘴唇紧闭,下唇干燥

这种人从气质类型上来讲,属于抑郁质的人。他们多怀有一种杞人忧天的心理,是一个不折不扣的悲观主义者,就算偶尔地开怀一次,也会马上想到坏的方面,从而更加痛苦。

——压紧下唇

如果女性有这种习惯性动作，则说明这个人内心脆弱，总是有一种不安全感，这不仅表现在压紧下唇上，其他如双腿并紧、双手环抱于胸前等动作，也反映了这一心理状态。如果是男性有这一习惯，则大多是故作紧张，可能是想掩饰什么，或有别的目的；否则，他就是一个行为偏女性化的人。

——用力上下咬牙，使两颊肌肉颤动，面颊抽筋

这种人性格外向，属于易暴易怒、缺乏冷静的一类。只要是看不过去的事，他就要管，听不顺耳的话，他就要说，甚至有时会因此与人拳脚相加。与这类人交往应摸透其脾气秉性，不然就会适得其反，交友不成反结仇。

——以手遮口者

"遮嘴"这个动作通常表示有所隐瞒。不能说的秘密一不留神说漏了嘴，然后马上用手把口遮住，这个肢体语言所传达的信息，就是要自己"住嘴"。手经常在嘴巴附近移动，或者习惯用手遮掩嘴巴的人，心中必定信奉"沉默是金"、"言多必失"的信条。

这类人不太向他人倾吐自己的心事，总是在某处冷眼旁观事情的发展。当事情发生时，会以旁观者的口吻说"果然不出我所料"。既不哭闹也不动怒，情绪起伏不大，但这并不代表他可以冷静地处理事情。这种人绝不会主动表示自己要做什么，别人也无法得知他到底想做什么。或许他心中正计划着某件事情，却不会轻易表现出来，别人也无从得知。

这种人甚至在与他人交往时也坚持保持距离的态度，尽量避免过于黏腻的关系，给人冷漠的印象。若对他太过亲密，反而容易引起他的反感；就算他主动接近你，也不会让你触碰到他的心底深处。与这类型人的相处，保持适当距离才是明智之举。

双臂交叉抱于胸前者的防卫心强

将双臂交叉抱于胸前,是一种防御性的姿势。防御来自眼前人的威胁感,保护自己不产生恐惧,这是一种心理上的防卫,也代表对眼前人的排斥。

这个动作似乎在传达着"我不赞成你的意见","嗯……你所说的我完全不明白","我就是不欣赏你这个人"等。当对方将双臂交叉抱于胸前与你谈话时,虽然不断点头,但内心对你的意见其实并不赞同。

也有一些人在思考事情时,习惯将双臂交叉抱于胸前,但是一般来说,有这种习惯的人基本上是属于警戒心强的类型。在自己与他人之间画下一道防线,不习惯对别人敞开心胸,永远和对方保持适当的距离,冷漠地观察对方。

防卫心强的人,大多数在幼儿时期没有得到父母亲充分的爱,如母亲没有亲自喂母乳,总是被寄放在托儿所,缺乏一些温暖的身体接触等。在这种环境之下长大的人,特别容易表现出防御性姿势。

个性直率的人通常肢体语言也较为自然、放得开。当父母对孩子说"到这儿来",想给孩子一个拥抱时,一定会张开双臂,拥他入怀。试试看将双臂交叉抱于胸前对孩子说"到这儿来",孩子们绝不会认为你要拥抱他,而是担心自己是否惹你生气了,心中做着即将挨骂的准备。

观察一下对方,是习惯将双臂交叉抱于胸前,还是自然地放于两旁?自然放于两旁的人,较为友善,易于亲近,并且可以很快地和你成为好朋友。不过,若你有不想告诉他人的秘密,又想找人商量时,请选择习惯将双臂抱于胸前的人。因为太过直率的人往往守不住秘密,而习惯于双臂抱胸的人则会对你的秘密守口如瓶。但是,要和这种人成为亲密的朋友,可能要花上很长一段时间。

搓鼻子是欲盖弥彰的动作

说谎话者最担心害怕的事,无疑就是谎言被拆穿。只要心中存在秘密,便会有害怕被对方看穿的恐惧,当你越心怀恐惧时,脸上的表情就会越不自然。

为了掩饰不自然的表情，人们往往会借助频频搓鼻子、揉眼睛等动作来转移别人的注意力。经常触摸脸部的人给人以不稳重的感觉，这是一种内心不安的外显动作，表示他不想让人在自己的脸上读到企图隐瞒的事。但是，心虚地摸这里碰那里，反而更容易引起别人的注意，因为只有当你无法自如地控制身体各部位的小动作时，手才会不自觉地移到脸上，想借此来蒙蔽对方的视线。

不过，这个动作也并非一定代表心中有鬼、蓄意撒谎。例如，朋友生日时，悄悄地准备生日礼物，想让对方惊喜一番，这时候也有可能会出现摸脸搓鼻子的动作；又或者是，对某位异性深具好感，却羞于表达，这种情况称作"害羞的隐瞒"。

另外还有一种人，边摸鼻子边客气地说："哪里哪里，这只不过是不足挂齿的小事罢了。"其实心中暗想："怎么样？我很厉害吧！"这是想隐藏"自满心理"的另一种表现。还有一种是当事者并不是想刻意隐瞒事情，只是时机尚未成熟，但又不小心说漏了嘴，这时便会惊惶失措地将手伸向自己的脸。

只要心中坦荡，不想隐藏任何事情，无须提心吊胆怕对方看穿自己的心思，摸脸的小动作就不会出现。

也有人为了不让人发现自己有所隐瞒，十分克制地控制住自己的手，让它们乖乖地放在下方，但却万万没想到，这时双脚竟开始不安定起来了。总之，想要毫无破绽地隐瞒事情，不让自己的小动作泄露真相是不太可能的。

5.说话习惯透露对方的心理模式

经由统计,说话习惯与一个人的心理模式也有一定的联系。

从谈话速度和语气洞悉人心

说话的速度快慢与一个人的性格是绝对脱不了关系的。一个"慢郎中"绝不会说出如连珠炮般的话语来,而同样一句话,语气不同,意思也会完全走样。所以,观察一个人谈话的速度和语气,是开启他心理状态的钥匙。

谈话速度快的人,大多性子急;而那些说话慢条斯理的人,多是"慢郎中",不管遇到什么事情,总是不疾不徐,反应比别人慢半拍。

不满对方或心怀敌意时,言谈的速度就会放慢;而当心里有鬼或想欺骗他人时,说话的速度大多会加快。

一个平时沉默寡言的人,一时之间变得能言善辩、喋喋不休,表明其内心有不想为人知的秘密或心虚,想用快言快语做掩饰。

充满自信的人,谈话时多用肯定语气;缺乏自信或性格软弱者,谈话的节奏多半慢条斯理、欲振乏力。

喜欢小声说话的人,不是对事物缺乏自信,就是行为偏女性化(对男人而言);而那些说起话来没完没了,希望话题无限延长的人,其内心潜藏着一种唯恐被别人打断和反驳的不安,所以这种人总是以盛气凌人的架势谈个不停。

喜欢用暧昧或不确定的语气、词汇作为结束的人,害怕承担责任。经常使用条件句的人,如"这只是我个人的看法"、"不能一概而论"、"在某种意义上"、"在某种情况下"等,大多属于神经质和怕得罪人的个性退缩型。

聆听他人讲话时,眼神无法集中,东张西望或玩弄手指头,表示对谈话者感到厌烦;而频频重复对方的话,表示具有高度的耐心与好奇心。

听别人说话时不停地大幅度点头的人，表示正认真地听对方讲话；听话时点头示意，可视线却并不集中于对方身上，这表示对对方的话题没有共鸣；点头次数过多，或者胡乱附和的人，多半不了解谈话的内容；一面讲话，一面自我附和的人，大都不容许对方反驳，性情极为顽固，这种人不能与听者进行交流，往往一人唱独角戏，径自下结论。

习惯说"不过"的人

常说"不过"的人，和常说"但是"的人，基本上是半斤八两，都属于自我主张强烈的类型。然而，两者相比较之下，常说"但是"的人较具有主动的攻击性，而喜欢说"不过"的人则隐藏着被动的攻击性。

习惯说"不过"的人，喜欢表现自我，期望得到众人的注目，却又不想引起他人的反感，例如："虽然您这么说，不过，应该是这样，不是吗？""不过，那样子可能行不通！"

这一类型的人习惯把责任推给别人，强调自己处于"无可奈何"的情况下，刻意逃避必须负责任的重担。

这种人城府深、心机重，做任何事情都会预先设想，万一失败要如何逃避责任，如"如果到时我被这样责难，就用这个法子搪塞过去"，"可能会被这样批评，不过这也是没有办法的"等，心中预先演练各种可能会发生的状况，并且预备好各式的台词作为借口。

在跟人相处方面也是如此。第一次见面时，他们通常不会主动向对方表示友好，一般会采取保持距离以利观察的策略，看看对方和自己是否是同一阵线的人。经过谨慎的分析判断之后，他们才会慢慢地接近对方。

表面上，他们给人和蔼可亲的感觉，容易和人打成一片，相处融洽。但是，一旦明了对方并不是和自己站在同一阵线时，他们便会毫不犹豫地斩断这份友情，过河拆桥，表现出冷酷的一面。

想要他们对别人"推心置腹"，说出肺腑之言，是不太可能的，因为他们随时都处于警戒、防备的状态之下，不容易解开心防。如果想和他们和谐共事，必须下相当大的功夫。有事情发生时，也别指望他们会扛下责任，因为他们会把一些莫须有的罪名加诸在你身上。因此，对这一类型的人还是小心应对为妙。

经常将"可是"挂在嘴边的人

通过口头禅可以清楚地看出一个人的个性，但有些人对于自己的口头禅通常都不怎么留意。

就拿口头禅为"但是、可是"的人为例。当对对方说的话不表认同或者持否定的态度时，这些人便会使用"但是"这个转折语；当认为对方所说的是错误的，想要反驳或推翻对方的言论时，也经常使用"但是"这个词语。

然而，有一种人，不论什么时候，都喜欢使用"但是"这个连接词。当他们想要打断别人的话题时，就会以"但是……"作为开场白。一般在"但是……"后面所接的句子应该是否定的，但仔细听他们接下来发表的意见，其叙述的内容却与刚才所述大同小异。这个时候似乎没有使用"但是"的必要，他们之所以如此，其用意只是为了不想一直扮演"听者"的角色，而希望他人的焦点都转移到自己身上。

其实，想要提高自己价值的方法有很多种，根本没有必要选择这种否定对方的方式。他人的观点是正确的，自己的看法也没错，"你是你，我是我"，每个人都有自己的生存方式以及思想，但是，偏偏就有人属于那种不否定别人就无法肯定自己的类型。这种老爱说"但是"的人，心中常存有否定对方的攻击性心理，似乎只有将对方贬低，才能显出自己的伟大。

因为如此，这类型的人常常喜欢滥用"但是"这个词，为反对而反对，为否定而否定。如此一来，原本愉快的谈话也会变得索然无味，即使如此，这类型的人依旧对他人的感觉无动于衷。

他们喜欢接近可以让自己充分感受到优越感的人，如遭到主管斥责以致情绪低落的同事、刚失恋的友人等。因为这些人心情郁闷，自信心尽失,和他们相处,能感觉到相当的优越感。对这类不具威胁性的人,他们反而会静静地聆听其心声,并频频认同地点头,表现出异常的亲切。但要注意,这并不是他们发自内心的真正亲切,切莫以为他们是"和蔼可亲"的人,否则吃亏上当就后悔莫及了。

常说"所以说"的人

"所以说……"是用在强调并且延续之前所提过的事情,或者作为结论时的用语。

"这件事的情况是这样的……所以说,会变成现在这样也是正常的,不是吗?"

"……所以说,我以前不就提醒过你吗?"

"所以说,那件事本来就应该如此。"

常把"所以说……"挂在嘴上的人,是经常会把自己之前说过的话加以强调其正确性并下结论的类型。他们认为,自己在一开始的时候就已经了解了所有的事情,颇有先见之明。

当别人说出事情的结果时,他们总是会说:"我之前不就说过了吗?我早知道结果会是如此。"特别强调自己对事情的发展早已了若指掌。他们绝对不会说:"是啊!你说得对,我也是这么想的。"而总是说:"所以说,这件事情就是这样,我之前不就说过了吗?"态度表现得非常强硬、傲慢,并且喜欢将所有的功劳往自己身上揽。

他们认为自己所说的话具有绝对的权威性,并有鄙视他人的心理,说话完全不顾及对方的心情。所以,常常把"所以说……"挂在嘴边的人,容易惹人讨厌却完全不自知。事实上,他们并不觉得自己是个傲慢、令人厌恶的人,反而认为自己相当值得同情。因为他们得不到众人的认同、理解,周围的人都不愿意倾听、了解他们的事,颇有"众人皆醉我独醒"的寂寞之感。他们常在心中呐喊着:"所以说,我之前就警告过了,为什么大家都不愿意听我的话呢?"

如果多了解他们一些, 你就就知道和这类型的人相处其实并不困难。他们非常希望得到他人的认同,渴望自己在他人心目中的形象是"见识广博,什么都懂",所以,如果想和他们好好相处,只要在这一点上多忍耐担待一些就可以了。

6.结合语境来理解对方的真实心态

对所有动作和表情的理解都应该在其发生的大环境下来完成。例如,如果在一个寒冷的冬天,你看见某个人站在公交站台上,双臂紧紧环抱于胸前,双腿也紧紧地夹在一起,你就应该知道,他之所以摆出这种姿势,很有可能是因为他很冷,而并不是因为他想保护自己。但是,如果你和某人隔桌而坐,你试图向他阐明自己的一些观点,或是向他推销某种产品和服务,面对你的说辞,对方摆出了一个和上面那个男人一样的姿势,这个时候,你应该明白,对方其实是想借此告诉你,他对你的话持否定的态度,或者说他对你的推销很抗拒。

观察肢体语言群组,注意肢体语言与有声话语的一致性就好比两把金钥匙,能够帮助我们打开肢体语言的宝库,从而正确地解读出无声语言背后的真正含义。

所有肢体动作和表情都应该结合当时的情境来理解,同时,还要综合前后动作和表情,连贯地思考问题。

既然面部表情比言语更能明显地表达心理动态,你也可以"制作"一些表情,对对方表示认同。如今,面部表情已经不再是一个单纯的内心符号,它已经升级成为一种交际手段,这种出于文明礼仪需求的"表情面具",能够起到愉悦对方的作用。因为每个人都非常渴望引起他人的注意或得到他人的认同,没有人喜欢总是跟自己对着干的"杠头"。和对方对着来,绝对不是表现你的执著或者聪明的好办法.

人们常说:"出门看天气,进门观脸色。"在与别人交流时,为了使自己的面部表情真正起到传情达意的效果,你必须做到情绪饱满、精神振奋、态度和蔼、感情热忱。比如说,当对方提出一个问题后,你可以轻轻皱眉,以示思索;当对方提出一个观点的时候,你应该轻轻点头,面带微笑,表示赞同和尊重。

其次,要想用脸"说话",你必须做到端庄中见微笑、严肃中有柔和,千万不要在对方面前板着面孔、拉长脸,否则很难给对方一种自然、明朗的感觉,如此,你的这种情绪自然也会影响对方的情绪和心境,甚至是对你的态度。

另外,为了配合你的表情,你应该勇敢地开口。毕竟仅有认同别人的态度是不够的,你必须让对方清清楚楚地知道你的态度。你应该勇敢地直视着对方的眼睛说"您说得很有道理","我理解您的心情","我明白您的意思","我认同您的观点","非常感谢您的建议","您的问题问得很好","我知道您这样做是为我们好"等,而且永远不要陷入争论的陷阱,因为和对方争论,不管过程怎样,结果都是你输。

7.改变思维方式,更好地揣摩别人的心理

在现实生活中,善于思考问题、改变思路的人,总能在困境中寻找到解决问题的方法,在成功无望的时候创造出柳暗花明的奇迹。

当今社会,经济的发展格外受重视。多年来形成的市场经济规律告诉我们:只有思路常新才有出路,只有思路常新才能突破困境,找到正确的方向。成功的喜悦从来都属于那些思路常新、不落俗套的人们。

美国食品零售大王吉诺·鲍洛奇的一生给我们留下了无数宝贵的商战传奇。

10岁那年，鲍洛奇的推销才干就显露了出来。那时，他还是个矿工家庭的穷孩子，他发现来矿区参观的游客们喜爱带走一些当地的东西作纪念，于是，他就拣了许多五颜六色的铁矿石向游客兜售，游客们果然争相购买。不料，其他的孩子也群起效仿。面对竞争，鲍洛奇灵机一动，把精心挑选的矿石装进小玻璃瓶中，阳光之下，矿石闪耀着绚丽的光泽，令游客们爱不释手，鲍洛奇也乘机将价格提高了1倍。也许正是这个有趣的经历，使得鲍洛奇对变通销售与定价有独到的理解。在整个商业生涯中，他一直保持着灵活变通的思想。

鲍洛奇的公司曾生产一种炒面。为了给人耳目一新的感觉，他在口味上大动脑筋，以浓烈的意大利调味品将炒面的味道调得非常刺激，形成了一种独特的口味。同时，他使用一流的包装和新颖的广告展开大规模的宣传攻势，打出"炒面是三餐之后最高雅的享受"的口号，把炒面暗示成家庭财富和社会地位的象征。鲍洛奇把注意力主要集中在了大量中等收入的家庭。他认为，中等收入的家庭一般都讲究面子，他们买东西固然希望质优价廉，但只要有特色，哪怕价钱贵一些，他们也会认为物有所值。针对他们的心理，鲍洛奇在包装和宣传上花了很多精力。果然不出所料，中等家庭的主妇们皆以选购这种炒面为荣，尽管鲍洛奇的定价很高，她们依然不觉得贵。

另一方面，鲍洛奇很会揣摩顾客的心理，常常利用较高的价格吸引顾客的注意力。一般，新产品投放市场之初，消费者对这种价格相对高的商品的品质充满好奇，很容易激发出他们的购买欲。并且，一种产品的定价较高，可以为其他产品的定价腾出灵活的空间，使企业一直占据主动。当然，这一切都要建立在产品的品质的确不同凡响的基础上。

有一次，鲍洛奇的公司生产的一种蔬菜罐头上市。由于别的厂商同类产品的价格几乎全在每罐5角钱以下，所以公司的营销人员建议将价格定在4角7分到4角8分之间，但鲍洛奇却将价格定在了5角9分，一下提高了20%！鲍洛奇向销售人员解释说，5角钱以下的类似商品已经很多了，顾客们已经感觉不到各种商品之间有什么区别，并在潜意识里认为它们都是平庸的商品。如果价格定在4角9分，顾客自然会将之划入平庸之列，同时还会认为你的价格已尽可能地定高，你已经占尽了便宜，从而生出一种受欺骗的感觉；若将产品价格定在5角以上，顾客就会将其划入不同凡响的高级货一类；定价至5角9分，既给人感觉与普通货的价格有明显差别，品质也有明显差别，还给人感觉这是高级货中不能再低的价格了，从而使顾客觉得厂商很关照他们，进而觉得自己占了便宜。经鲍洛奇这么一解释，大家恍然大悟，但还是有些将信将疑。后来，在实际的销售中，鲍洛奇掀起了一场大规模促销行动，口号就是"让一分利给顾客"，这更加强化了顾客心中觉得占了便宜的感觉，蔬菜罐头的销量节节攀升。5角9分的高价非但没有吓跑顾客，反倒激起了顾客选购的欲望，公司的营销人员不得不佩服鲍洛奇善于变通的本事。

成功与失败之间，幸福与不幸之间，往往只有一步之遥。只要你拥有好的思路，勇敢地面对生活，在征服困境之后，你就能享受胜利的甘甜，成功也将为你敞开大门。

8.辨证对待谎言，解除对方的心理武装

我们都希望生活在一个没有谎言的社会，但现实是，我们生活的空间已经被谎言塞满了。这并不是危言耸听。英国伏特加饮料公司进行的

一项调查表明,人一生中平均会说谎8.8万次,每人每天至少撒4次谎。在说谎上,男人平均每天说5次谎,女人平均每天说3次谎,但男人的谎言中,"弥天大谎"的比例比女人稍小些。

　　这一天,苏格拉底像平常一样来到市场上。他一把拉住一个过路人说道:"对不起!我有一个问题弄不明白,想向您请教。人人都说要做一个有道德的人,但道德究竟是什么?"

　　那人回答说:"忠诚老实,不欺骗别人,就是有道德的。"

　　苏格拉底装作不懂的样子又问:"但为什么和敌人作战时,我军将领却千方百计地去欺骗敌人呢?"

　　"欺骗敌人是符合道德的,但欺骗自己人就不道德了。"

　　苏格拉底反驳道:"当我军被敌军包围时,为了鼓舞士气,将领欺骗士兵说,我们的援军已经到了,大家奋力突围出去,结果突围果然成功了。这种欺骗也不道德吗?"

　　那人说:"那是在战争中出于无奈才这样做的,在日常生活中这样做是不道德的。"

　　苏格拉底又追问起来:"假如你的儿子生病了,又不肯吃药,作为父亲,你欺骗他说这不是药,而是一种很好吃的东西,这也不道德吗?"

　　那人只好承认:"这种欺骗也是符合道德的。"

　　苏格拉底对这个答案并不满意,又问道:"不骗人是道德的,骗人也可以说是道德的。那就是说,道德不能用骗不骗人来判断。究竟用什么来判断它呢?还是请你告诉我吧!"

　　那人想了想,说:"不知道道德就不能做到道德,知道了道德才能做到道德。"

　　苏格拉底这才满意地笑起来,拉着那个人的手说:"您真是一个伟大的哲学家,您告诉了我关于道德的知识,使我弄明白了一个长期困惑不解的问题,我衷心地感谢您!"

正如苏格拉底所说,判断谎言是否道德的标准就是道德本身。符合道德规范的,就是善意的或者无恶意的谎言;违背道德标准的,就是恶意的谎言。

善意的谎言和恶意的谎言最大的区别是动机不同。善意的谎言发自于善良的动机,以维护他人利益为目的和出发点,它会使人们的感情变得更融洽、和谐,生活变得更有滋有味,它可以巧妙地避免冲突,实现情感沟通和顺利交往;而恶意的谎言是为说谎者谋取利益,带有强烈的利欲和薄弱的理性,将他人作为手段,甚至不惜伤害他人。在所造成的后果上,两者也截然不同:善意的谎言带来的是温情和融洽,恶意的谎言带来的是厌恶和仇恨。

既然我们没有办法把谎言隔离到真空里,那就掌握一些辨别谎言的技巧,同时擦亮自己的眼睛,摆正自己的心态,让谎言无处遁形。

对于那些蓄意的欺骗,采取适当的反击是完全有必要的,这不仅是为了讨回公道,更是为了使我们所生活的人际环境更加安全可靠。试想,如果我们一天到晚疲于识别、防备谎言,听到的每一句话都必须再三掂量、推敲之后才能相信,那将会多么痛苦。

当一个人用恶意的谎言来与我们相处时,他事实上已经对我们形成了侵犯与伤害,不管他的谎言是否达到了目的。

对于说谎者,应尽早识破他的谎言,让他在一开始行动时就受到挫败,把谎言扼杀在摇篮中。

识破谎言必须具备坚强的意志,否则,谎言仍然会突破你的防范使你蒙受损害。识破对方的谎言后,应时刻对他保持戒备,不管他说什么,做什么,都只当他是在为自己的谎言作铺垫,即使他说的是真话,也要对他真话背后的动机多考虑几番。有的人会用虚虚实实的方法诱你上当,在假话中掺杂真话,在真话中夹杂假话,真真假假,让你分辨不清。尤其是那些有意向你暴露自身弱点的人,往往把这当作造谎的第一步。

　　俗话说："乌云遮不住太阳。"谎言终究是谎言,无论它设计得多么巧妙、精心,把一个人装扮得怎样冠冕堂皇、道貌岸然,假的就是假的,一旦被揭穿,它就一文不值。

　　正在说谎或试图说谎的人,他们的心理一定会先武装起来,除去他的"武装"是揭穿其谎言的关键。如果在揭穿谎言时,你正面跟他发生冲突,他一定会强词夺理,把你反击回来。

　　这个时候,我们必须另想办法解除他心理上的武装。暂且不必理会他的说话内容是否真实,把重点放在解除他内心的武装上。这个道理就跟打开闭得紧紧的河蚌一样,越急着把它打开,它就会闭得越紧;如果暂时不去理会它,它反而会自然地放松戒备,过一会儿自己就打开了。

　　那么,究竟要怎样才能解除对方心中的武装呢?

　　首先,要使对方有安全感。

　　如果对方是为了保护自己而说谎,那我们最好这样说:"你把实话说出来,不要紧,事情不会很严重的。"这样一来,他就会认为他的处境已经很安全了,不会再顾及说出实话会有什么不良后果。在这种情况下,让他说出实话并不困难。

　　要使对方产生安全感,首先必须使他对你产生信任,这样他才会对你吐出真言。一般来说,对于套取对方的实情,循循善诱的方法比强硬逼供的手法更容易达到目的,但前提是我们必须做到让对方觉得"我实在不敢对这种人说谎"才行。简单地说,就是我们要运用技巧,使对方因为你的影响而把实话完全吐露出来。

　　还有一种技巧则完全相反,那就是把自己装扮成很容易上当的样子,使对方对你没有戒心,从而把心里的话说出来。换句话说,就是让对方产生优越感,使他在得意忘形之际无意中露出马脚。这种方法用来对付傲慢的人最好不过。

　　其次,要追根究底。

　　彻底去追根究底,有时也能解除对方心中的武装。假如对方仍有辩白的余地,他一定会坚持到底,只有在他被逼得走投无路的时候,他才会自动解除武装,说出实话。

对于说谎者,也可以攻其不备。不管多么高明的说谎者,遇到突然而来的攻击时都会惊慌失措,不得不投降。

一位资深律师曾经说过:"在询问一个决定性的问题时,不要马上询问证人,等他回到证人席之后,再突然请他回来,重新询问,这是最有效的方法……"《孙子兵法》里也说过:"攻其不备,出其不意。""使其不御,则攻其虚。"在对方没有防备时趁虚而入,他自然就会放下武器投降。

最后,拿出有力的证据来做武器,是识破谎言最好的手法。

不管对方如何狡辩,只要我们有确凿的证据,他就不得不俯首承认。但更重要的是必须懂得如何运用这些证据,如果运用不当,证据就会失去效用。关于这一点,首先要注意的就是时机是否运用得当。如果事情过了很久,我们才拿出证据来印证,证据的价值就会大大地降低;如果我们在提出证据之后还让对方有充分的时间去考虑,那也是不妥当的,因为这样会让他获得一个辩解的机会。

那么,证据是要同时提出还是逐项提出来呢?这个问题不能一概而论,必须依证据的价值以及当时的状况来决定。至于你握有的证据究竟有多少,绝不能让对方知道,尤其当只有少许证据的时候,更要绝对保密。总之,证据是一种秘密武器,证据越少越要珍惜,否则失败的将是你而不是对方。

如果你想做一个所谓"嫉恶如仇"、"刚正不阿"的人,那么,上面所说的那些已经足够你去拆穿对方的谎言,让对方投降了。但是,"嫉恶如仇"、"刚正不阿"并不代表"拘泥不化",比如说商品的广告词中从来不会有"本品有……缺点"之类的话。生活里没有绝对的真实,如果你什么事情都实话实说,只会给自己制造一大堆麻烦。

从前,有一个人爱说大实话,什么事情都照实说,但是人们都不喜欢他,所以,他总是找不到工作,他也因此变得一贫如洗,无处栖身。最后,修道院院长认为应该尊重"热爱真理,说实话的人",就把老实人留了下来。

不久,修道院院长让这个老实人把两头驴和一头骡子牵到集市上去卖。老实人在买主面前只讲大实话:"尾巴断了的这头驴很懒。一次,长工想把它从泥里拽起来,一用劲,拽断了尾巴。这头秃驴特别倔,一步路也不想走,因为人们拿鞭子抽它抽得太多,毛都秃了。这头骡子呢,又老又瘸。"老实人还觉得有件事不能隐瞒,便又说:"如果干得了活儿,修道院院长干吗要把它们卖掉呢?"结果,这些话在集市上一传开,谁也不愿买这些牲口。修道院院长知道这件事后,对老实人发着火说:"朋友!我虽然喜欢你的老实,可是,如果老实过了度就只能是个蠢材。你爱上哪儿就上哪儿去吧!"

就这样,老实人又被修道院赶出来了。

其实,故事中"老实人"的遭遇并不是偶然的,现实生活中也不乏类似的例子。世间万物本就不完美,你何必像那位老实人一样把自己完全地暴露在别人面前呢?

在日常的交际过程中,给真实加点"佐料",往往能够迅速地拉近彼此的距离,让你们之间的交往变得更加亲切。

一天,阿亮和阿伟一道去拜访一位教授。那个教授为人严肃,平时不苟言笑。坐了半天,除了开头说了几句应酬话,剩下的只是让人尴尬的沉默。

忽然,阿亮看到教授家养着几条色彩斑斓的热带鱼。他知道这鱼叫"地图",自己曾送过阿伟几条。教授见阿亮神情专注地盯着自己的热带鱼,就笑着问:"还可以吧?才买的,见过吗?"阿亮虽然知道那是"地图",却说了一句谎话:"还真没见过,叫什么名字?明儿我也打算养几条呢!"阿伟不解地看看他，心想：装什么糊涂，不是上星期给了我几条吗？

教授一听，来了兴致，大谈了一通自己的养鱼经，阿亮听得频频点头。那位教授像是遇到了知音，说说笑笑，如数家珍地给他讲每条鱼的来历、名称、特征，又拉着他到书房看他收集的各类名贵热带鱼的照片，气氛顿时活跃了起来。他们本来打算坐坐就走，不料教授一再挽留，直到晚饭后才放他们走。临走时，教授还硬塞给阿亮几尾小鱼，并一直把他们送到了楼下。

阿亮的一句谎话使教授前后判若两人，本来几乎陷入僵局的交谈又顺利地进行了下去，这都归功于阿亮"隐瞒真相"的本事。如果阿亮就"地图"的问题实话实说，场面可能就会继续尴尬下去，教授也不会有如此高的热情。

小张到店里去买自行车，由于知道自己身长腿短、不成比例，选好车子付了钱之后，便请老板把车座调低。谁知车店的老板一番仔细查看后，极真诚地说："先生，你的腿绝对是长的！"这话顿时让小张飘飘然了起来，后来，他还让老板把自行车的座位调高了。路上，想着老板充满自信又果断的"你的腿绝对是长的"这句话，内心不由自主地欣喜若狂。

毋庸置疑，用"假话"恭维人的时候，"认真的表情"非常重要，若能同时配上既干脆又果断的语气，效果会更好。比如说，在与他人寒暄时，说"你看起来容光焕发、神采奕奕"之后，马上再补上一句"看起来比你的实际年龄年轻多了"，相信对方必然会有一种满足感，从而对你产生良好的印象，因为喜欢被人赞美年轻是人之常情。

第九章

成功人士的八种心态

——要成功,更要幸福感

1.耐心——工作可以枯燥,你不能浮躁

著名作家罗曼·罗兰说:"一个人慢慢被时代淘汰的最大原因,不是年龄的增长,而是学习热情的下降,工作激情的减退。"

工作是实现成功的途径,但更应该是享受人生的手段。也许一些人会对"享受工作"嗤之以鼻,因为他们只是把工作当作谋生的手段,一种不得已而为之的生存方式。在他们眼里,工作只是负担、压力、疲惫,没有快乐可言。

林肯说:"一些事情人们之所以不去做,只是认为不可能。而许多不可能,只存在于我们的想象之中。"享受工作也是如此,它的不可能只是一种想象,实际上,完全可以做到。

小周,传媒专业的本科毕业生,第一天来这家广告公司上班的时候,

她穿着一条洗得发白的牛仔裤,一件纯白的棉衬衫,配上一张不施粉黛的脸,看上去只有十八九岁的样子。她的装扮给上司留下了不好的印象:连最起码的着装都没学会就来应聘。但令人意想不到的是,她居然被公司留下了。

先入为主的成见注定她和上司之间的相处不会太和睦,但是小周每天依然像快乐的小鸟一样来上班。上司并没有派给她多少工作,但她却很少让自己闲下来,把办公室里里外外打扫得干干净净不说,还经常跑到别的科室去帮别的同事打水扫地。

刚开始,她就这样处理着一些没有多大意义的琐碎事情。有几次,她实在没什么事情可做,就小心地问上司有什么需要她做的。其实,事情有很多,上司手头需要整理的材料有一大堆,可她不放心交给小周,便对她说:"急什么,总会有你做的事。不过,那些打水扫地的活儿,你也不必去做了,公司里有勤杂工,你来这儿不会就为了做这些吧。"听到上司的话,小周的脸红了,急忙低下头。

之后的一天早晨,小周在上司的办公桌上放了一张简陋的广告创意,可上司只是拿起来瞄了一眼,就随手将那张纸丢到了脚边的垃圾筒里。小周眼里是满满的失望。"是你做的吗?"上司问。"是的,我做得不好,请您多指点。""嗯,下次吧。"

第二天上班时间,一张同样大小的纸又放在了上司的办公桌上,这一次比上次略微好些,但离上司的要求还相差甚远。上司再一次把它丢进了垃圾筒,小周还是什么也没说,就转身退出了办公室。

接下来几天,小周每天上班都会把自己设计的广告创意放在上司的桌上,每一次都会比前一次有一点儿小小的改进,但总体水平并没有多大的起色。终于有一天,上司开口了:"其实,你也许没有发现,你并不适合做广告这一行,因为你的想法没有一点创意,干这一行,没有创意是很可怕的。"小周的眼泪在眼里转了好久,最终还是掉了下来:"谢谢您的指点,我知道了。但我也想对您说,不管我做得多差,每一次都是我努力的结果，而且我也坚信，每一次我都比前一次做得好。这些虽然被您随意地扔进了垃圾筒，但对于我却是成长的经历，我会珍惜它们。"说完，她从背后拿出了那些曾经被上司随便丢进垃圾筒的广告创意。

以后，小周再没有将自己设计的作品放到上司的桌上，在公司里也沉默了许多。更多的时候，她只紧抿着嘴唇专心地做事，干好自己分内的事后，她把更多的时间用来看书学习。

有一次，老总派小周的上司去谈一笔很大的广告业务，本来已经成功了，却在签约的前一天出了问题。对方忽然打电话来说有另外一家广告公司的创意更适合他们，所以只好遗憾地终止合作。上司一听就火了，在电话里很不客气地驳斥对方不守信用。小周一直待在她的旁边，小心地问真的无法挽回了吗？上司挫败地说："没用了，人家明天就签约了。""可是还没有到明天，说不定还有转机呢！"小周说。

第二天上班时间，小周没有像往常一样出现在办公室。快要下班时，老总满面喜色地走了进来，跟在他身后的是满面春风的小周。老总大声说："向大家宣布一个好消息，我们的小周为公司立下了一个大功。你们可能都没想到，她居然用自己的作品说服了我们的客户，为我们拉了一笔大业务。今天中午，我们要为她庆贺一下，做事情要的就是这种精神！"

此后，小周接二连三地拿出好创意，很快就吸引了老总的注意，而排斥她的上司最终只得让贤辞职。

小周是不浮躁的典型例子。她没有因为上司的冷落而忘了自己的职责，而是努力上进，学习进修，最终，付出得到了回报。

任何一种工作都不会像你所想的那样完美，总免不了会有一些瑕疵。但是，工作可以枯燥，而你不能浮躁。你一旦选择了这份工作，就要用心去对待它。只有对工作投入和倾心，你才能从中寻找到乐趣和享受，从而掌握自己人生的纤绳和命运。

2.善心——帮助别人也就是帮助自己

《诗经》中曾说："投我以桃，报之以李。"友善会孕育同样的友善。当你向对方施以友善的行为后，能加重对方内心的亏欠感，让对方更易接受你所提出的观点和请求，进而推动事情向你想要的结果发展。心理学上将这种礼尚往来的感情交往称为互惠原则。互惠原则在生活中的运用数不胜数，它的影响是巨大的，特别是友善，能够积攒人情，多数人在人情债面前都难以招架。

古语言："一滴蜂蜜比一加仑胆汁，能捕捉到更多的苍蝇。"人际关系也是如此。如果你想让对方按照你的意思办事，你就要友善地对待对方，并使对方相信你是友善的。对方在接受了你的善意后，心里会对你产生亏欠感，从而接受你的请求或者观点，进而走在你为他铺设的道路上。

布丹女士曾有过这样的经历：她在新罕布什尔州买了套新房子，可她很快就发现，下雨时，她的新房居然漏水！雨水小的时候，影响还不大，但如果雨势很大，雨水就会渗进房屋底层的水泥地板中，地板由此出现了裂痕；水流进地下室后，还损坏了她的热水器等多项设备。她对此感到非常愤怒，并知道这应该是承建商没有在房子附近修理排污沟导致的。于是，在了解到详情后，她准备找承建商解决问题。尽管她非常愤怒，但在去之前，她仔细地想了一下，最后要求自己要用友善的态度和对方说话，并用理解的心态与对方交谈。她知道这种事情光是发火是解决不了问题的。

见到承建商的接待人员后，她语气平和、态度友善地询问了公司的建房情况，并适当地表示出了关心，且说自己出差了一段时间，等出差回来才发现雨水淹没地下室的"小"问题，并提出希望承建商能帮以解决，她会感激不尽。面对布丹女士释放出的善意，对方也很友善地向她表示了歉意,承认责任在于公司设计的疏忽,并答应会尽快地处理此事。第二天,承建公司便打来电话,通知她公司会赔偿她损坏的所有设备,并且会在房子附近修理排污沟,以免以后再发生类似的事情。

像布丹女士这种房主与承建商之间的矛盾,在当地是很难解决的问题。当同事得知布丹女士轻而易举地解决了此事情后,都向布丹女士询问情况。布丹女士说:"虽然从责任角度,这个问题是承包商的失误引起的,但是如果我不采取友善的态度,即使我再坚持让对方承担责任,这件事情也不能这么顺利地解决。"

生活中,每个人都会有生气愤怒的时候,当你向那个令你愤怒的人发火、谩骂或者训斥时,你认为对方会替你分担你的痛苦吗?当你带着那充满仇恨的目光,用充满火药味的语气、声调对待对方时,你认为对方会因此而产生自责心理吗?当你双手紧紧地握着拳头寻找对方时,你认为你想解决的事情会按照你想要的结果得到解决吗?

俗话说"和气生财",只有那些真正懂得友善的人,才能获得更高的办事效率,才能在更多方面获得成功。所以,生活中不妨时时向他人施以友善的感情,这样可以使其在亏欠心理的影响下受你所使,为你所用。

3.静心——开口抱怨前,请把你的"烦"消化掉大半

"烦",本不是什么新的情绪。不开心的烦恼,不舒心时的烦闷,对每个人而言,早已是司空见惯的平常事。但是,"旧烦"与"新烦"之间还是有不同之处的。

过去,人们"烦"的时候是找知心朋友诉诉苦、解解闷。今天,"烦"的

人们不仅"烦"，还不"耐烦"，在不开心、不舒服的同时，心也静不下来；他们不只是烦恼、烦闷，而且烦躁。对他们而言，与其说"烦"是一种有待完全摆脱的消极情绪，不如说"烦"是一种有几分无奈也有几分得意的生存状态和生活方式。

一些人的"烦"是一种现代文明病，是抒情的思想、浪漫的梦幻和温和的心境被无情的、不断变化的现实打碎之后而产生的一种愤世嫉俗、走投无路的情绪状态。这种人无法控制自我，容易心绪不宁，因而难以成事。

无论做什么事，心烦意乱之下是难有所作为的。

所以，为了不"烦"，我们要"耐烦"一些，静下心来，正确地认识自己，先把"烦"消化掉大半，再以一种"耐烦"的方式开口抱怨。

第一，学会完全主宰自己。

控制自己的情绪，要经过一个崭新的思考过程。这个思考过程并不容易，因为，在我们生活中有许多力量试图破坏个人的特性，使我们从孩童时候一直到成人都相信自己有无法克服的情绪，无法克服这些情绪就只好接受它们。在这里要强调的是：你必须相信自己能够在一生中的任何时刻，都按照自己选定的方法去认识事物，只有这样，你才能做到主宰自己。

第二，善于为自己的情绪寻得适当表现的机会。

有的人在激动的时候会去做些需要体能的活动或运动，这可使因紧张而动员起来的"能"获得一条出路；有的人在情绪不安的时候会去找要好的朋友谈谈，倾吐胸中的抑郁，把话说出来以后，心情就会平静许多；还有的人借观光游览来使自己离开那容易引起激动的环境，避免心理上的纷扰，等到旅游归来，心情不复紧张，同时事过境迁，原有的问题或许已变得微不足道，你也就不必再为之烦心了。

第三，进行独立思考。

你的情绪又来自你的思考，那就可以说，你是能够控制自己的情绪的。这样看来,你认为是某些人或事给你带来悲伤、沮丧、愤怒、烦恼和忧虑,这种想法可能是不正确的。你完全可以改变自己的思想,选择自己的感情,新的思考和情绪就可以随之产生。一个健全和自由的人总是不断地学习用不同的方式处理问题,这样才能使你学会主宰自己。

假如你是乐观的人,你就能够找到控制自己情绪的方法,而且每时每刻都能为值得去做的事而生活着,这样的你才是个聪明人。能够顺利地解决问题,当然能为你的幸福增添光彩;但即使你无法解决某个特别的问题,乐观的、充满信心的你其实已将自己的情感稳操在手。能够为自己的选择感到幸福时,你的情绪一定是稳定的、真实的。

能掌握自己情感的人是不会垮掉的,因为他们能够主宰自己,控制自己的情绪。他们懂得如何在失意中寻找快乐,懂得如何对待生活中出现的任何问题。在这里没有说"解决"问题,因为聪明人不以解决问题的能力来衡量自己是否聪明,而是看自己能否不受情绪的影响,理智地对待问题。

第四,学会宣泄压抑和郁闷。

或许我们都曾有过下面的经历:经常莫明地紧张、害怕、心慌、发抖、头晕,有时脑子里一片空白,觉得自己活得很累,常常想到死。其实,这就是非常严重的抑郁状态。

那么,怎样排解这种焦虑、压抑呢?

(1)可以向心理医生或自己信任的亲朋好友倾诉内心的痛苦,也可以用写日记、写信的方式宣泄,或选择适当的场合痛哭、呼喊。

(2)焦虑是人面临应激状态下的一种正常反应,要以平常心对待,顺应自然,接纳自己,接纳现实,在烦恼和痛苦中寻求战胜自我的理念。

(3)在心理医师的指导下训练,可以做自我放松训练。

(4)无论学习还是工作,没有目标就会茫然不知所措。目标确立要适度,可以根据人生不同发展阶段确立目标。

(5)回忆或讲述自己最成功的事,可以引起愉快情绪,忘掉不愉快的事,消除紧张、压抑的情绪。

(6)积极参加文体活动。研究表明,音乐能影响人的情绪、行为和生理功能,不同节奏的音乐能使人放松,具有镇静、镇痛作用。

(7)多参加集体活动,如郊游、植树、讲座、大学生社团活动等,在集体活动中发挥自己的专长优势,增加人际交往。和谐的人际关系会使人获得更多的心理支持,缓解紧张、焦虑的情绪。学会宣泄焦虑、压抑,我们的心理才能变得轻松。

(8)保持幽默感。我们应该活得轻松些,尤其当自己身处逆境时,更要学会超脱。所谓"来日方长",要看到生活好的一面,这样才能无忧无虑、自得轻松。

(9)对人礼貌。你对别人施之以礼,别人也会对你以礼相待,这也就是所谓的"将心比心",这有助于缓冲你的精神紧张。有时,一声"谢谢"、一个微笑或一次过路礼让,都能使你感到受欢迎。记住,别人对待你的态度在一定程度上反映了你的自我形象。

(10)要自信。这里所说的自信不是狂妄自大,也不是自以为是,而是要学会自我控制。如果只指望他人把事情办好,或坐等他人把事办好,就可能使你处于被动地位,也可能让你成为环境的牺牲品。因此,办任何事情,首先要相信自己、依靠自己,不要将希望寄托于别人,否则,你将坐失良机,从而产生懊丧心理,这样更会加重精神的紧张。

(11)当机立断。死守着一个毫无希望的目标,不论是对你自己,还是对周围的人,都会增加心理压力和精神紧张。一个聪明人一旦决定完成某项任务,就会马上做出决断并付诸行动;而当他发现已做的决定是错误的时,他会立即另谋办法。优柔寡断,一拖再拖,只会加重精神负担。

(12)学会处世的道理。我们都是同样的人,别人碰上的事情你有一天也可能会碰上。生活的道路不会总是平坦的。与周围的人建立友谊,可以增加来自外界的支持和帮助,从而减轻精神紧张。不要害怕扩大你的社会影响,这有助于你寻找应付紧急事件的新渠道。

(13)努力改进人际关系。建立良好的人际关系,以帮助你事业成功,减少挫折,这对于保持良好的竞技状态十分重要。我们不需要那种只会教训人"给我听着,你该怎样做"的朋友,我们生活中所需的是鼓励我们进行创造性思维,以及能够支持我们走向成功之路的朋友。主动虚心听取别人的意见,善于安排时间,是改进人际关系的重要方法之一。

(14)宣泄、抒发。经常处于精神紧张状态,累加起来,可能会吞噬掉我们健康的机体。我们需要对人诉说自己的感受,哪怕这样做改变不了什么。向谁诉说,取决于想要说的内容,必须选择合适的诉说对象。记住,绝对不要将不愉快的事情隐藏在自己的心里。

(15)以仁待人。当别人身处困境时应乐于助人。在这种时刻,他们最需要你去倾听他们的诉说,需要你给予帮助。俗话说,善有善报,如果你有朝一日也陷入某种危机,如果对方是一位真诚的朋友,他也一定会来帮助你的。

(16)不传闲话。传闲话会招来仇恨和互相猜忌,也容易使你失去朋友。当你向某人传闲话时,他会猜想你是否也说过他的闲话。生活中已经有许多事需要你去应付了,实在犯不着背个"小广播"的名声去费唇舌,给自己添麻烦。

(17)灵活一些。我们要完成一件工作,可能有许多方法,你自己的方法不一定是最好的,或者虽然是最好的方法,但不一定行得通。如果你总认为事事都必须按自己的想法去做,那么当事情不按你的想法发展时,你就会烦恼生气。其实,你的目标只应是把事情办成,至于方法,不必拘于某一种。

(18)衣着整洁。衣服穿得整洁与否,象征着你是否尊重别人,当然,也象征着你是否自尊自重。衣着不仅能显示你是男性还是女性,还能为你的自身价值和重要性提供一种保证。

4.宽心——得理也要让三分

"径路窄处,留一步与人行;滋味浓时,减三分让人尝。"这句话旨在说明谦让的美德。在道路狭窄之处,应该停下来让别人先行一步。只要心中经常有这种想法,你的人生定会快乐祥和。

中国自古以来就是礼仪之邦,谦和、礼让更是中华民族的美德。路留一步,味留三分,提倡的是一种谨慎的利世济人的生活方式。

生活中,除了原则问题须坚持外,对小事互相谦让能使个人的身心保持愉快。

清代康熙年间,人称"张宰相"的张英与一个姓叶的侍郎,两家毗邻而居。叶家重建府第,将两家公共的弄墙拆去并侵占三尺,张家自然不服,由此引起了争端。张家立即发鸡毛信给京城的张英,要求他出面干预。张英却作诗一首:"千里家书只为墙,再让三尺又何妨?万里长城今犹在,不见当年秦始皇。"张老夫人看见诗即命退后三尺筑墙,而叶家为了表示敬意,也退后三尺。这样,两家之间即由从前三尺巷形成了六尺巷,被百姓传为佳话。

凡事让步表面上看来是吃亏,但实际上由此获得的收益要比你失去的多。这正是一种成熟的、以退为进的明智做法。

谦让可以化解矛盾,免去不必要的纷争,让对手变手足,让仇人变兄弟。

得理不让人,让对方走投无路,有可能激起对方"求生"的意志,进而使对方"不择手段",这对你自己将造成伤害。好比将老鼠关在房间内,不让其逃出,老鼠为了求生,会咬坏你家中的器物。若能放它一条生路,它便不会对你的利益造成破坏。对方"无理",自知理亏,你在"理"字已明之下,放他一条生路,他会心存感激,来日自当图报。就算不会如此,也不太可能再度与你为敌。这就是人性。

若你只知一味争抢,不仅会伤害对方,也有可能连带地伤害他的家人,甚至毁掉对方一生的幸福,这未免有失做人的德性。得理让人,不仅是一种美德,更是一种精神的财富。

世界很大也很小,地球是圆的,山不转水转,后会有期的事情常有发生。你今天得理不让人,他日你们二人狭路相逢,若那时他处于优势,你处于劣势,你就有可能吃亏。"得理让人",也是为自己留后路,正所谓"人情翻覆似波澜"。

今日的朋友,也许会成为明日的仇敌;今天的对手,也可能成为明天的朋友。世事一如崎岖道路,困难重重,因此,走不过的地方不妨退一步,忍一时风平浪静,退一步海阔天空。

"若想在困难时得到援助,就应在平时宽以待人。"包容、接纳、团结更多的人,在顺利的时候共同奋斗,在困难的时候患难与共,这将为你增加成功的能量,创造更多的成功机会;反之,则会使大家疏远你,在你成功的道路上人为地增加阻力。

大家在一个单位或集体中工作学习,难免会产生一些意见或矛盾。如果经常为一些鸡毛蒜皮的小事争得面红耳赤,谁都不肯甘拜下风,以致大打出手,事后静下心来想想,当时若能忍让三分,自会风平浪静,大事化小,小事化了。事实上,越是有理的人,如果表现得越谦让,越能显示出其胸襟坦荡、富有修养,从而更能得到他人的钦佩。

汉朝时有一个叫刘宽的人, 为人宽厚仁慈。他在南阳当太守时,小吏、老百姓做了错事,为了以示惩戒,他只是让差役用蒲草鞭责打,使之不再重犯,此举深得民心。刘宽的夫人为了试探他是否像人们所说的那样仁厚,便让婢女在他和属下集体办公的时候捧出肉汤,故作不小心把肉汤洒在他的官服上。要是一般的人,必定会把婢女毒打一顿,至少也要怒斥一番。但是刘宽不仅没发脾气，反而问婢女："肉羹有没有烫着你的手？"由此足见刘宽为人宽容之肚量确实超乎一般人。

这就是"有理让三分"的做法。人人都有自尊心和好胜心，在生活中，对一些非原则性的问题，我们应该主动显示出自己比他人更有容人的雅量。

俗话说，人非圣贤，孰能无过。每个人都难免会偶有过失，因此每个人都有需要别人原谅的时候。

大部分人一旦身陷争斗的漩涡，便会不由自主地焦躁起来，为了利益或面子强词夺理，势要争个高下，甚至得"理"不饶人，非逼得对方鸣金收兵或自认倒霉不可。然而，这虽然能让你暂时吹起胜利的号角，但也成了下次争斗的前奏。因为这对"战败"的一方也是一种面子和利益之争，他当然要伺机"讨"还。

这个时候，我们为什么不能像刘宽那样，即使自己有理，也让别人三分呢？

在与他人的交往中，常常会因为个性、脾气、爱好、要求的不统一，价值观念的差异产生矛盾或冲突。此时，我们应记住一位哲人的话："航行中有一条公认的规则，操纵灵敏的船应该给不太灵敏的船让道。我认为，这在人与人的关系中也是应遵循的一条规律。"

5.虚心——通往成功、赢得尊重的必修课

你可以有自己的高标追求、高标处世之风，但低调做人，学会谦逊，不炫耀自己的优势，你才可能像一棵树一样，用根系从更低、更深处吸取

养料,让树茎和树冠向更高、更辉煌的地方延伸。相反,若根基不稳,纵使树冠再枝繁叶茂,只要有风吹雨打,你这棵树就会摇摇欲坠,无法立足。

美国总统柯立芝以谦逊闻名。在阿默斯特大学的最后一年,他获得了一枚金质奖章,它是由美国历史学会颁发的最高荣誉。这在全美国来说都是人人欣美的,可他没有向任何人炫耀,甚至连自己的父母都没有说。毕业后,聘用他的裁判官伏尔特无意中从以前的一份杂志发现了这一记载,这使他对柯立芝倍加赞赏与青睐,不久便给了他一个很重要的职位。

从一名小小的职员一直成长为著名的总统,柯立芝一直以这种虚心谦逊的风貌出现在大众面前。

下面一件事,从表面上看与柯立芝谦逊的美德相反,但仔细分析,其实质仍是出于谦逊。

在柯立芝进行马萨诸塞州州议员连任竞选的时候,在进行投票的前一晚,他将一个小而黑的手提袋包装好,急步向雷桑波顿车站走去,因为他忽然得到了州议会议长一席空缺的消息。两天以后,他从波士顿归来,而他那小而黑的手提袋里已装满了多数议员赞同他为州议会议长候选人的签名。试想,如果不是柯立芝平时谦逊待人,博得了大家的好感,又怎么能这么轻易就拿到那些人的签名呢?

另一个以谦逊闻名于世的人,就是美国南北战争时期南方联盟的战将杰克逊。

杰克逊指挥石城战役取得了胜利,但他并不居功自傲,而是一再强调功劳属于全体官兵。在墨西哥战斗中,总司令斯哥托对他的指挥能力予以了极高的评价,而杰克逊从未向别人炫耀过这件事。

不过,杰克逊并不是视功名如粪土,从墨西哥战争开始时他给他姐姐的一封信中便可以看出,他有着树立声誉、博得大众注目的计划。因为那个时候，他只是一个徒有其名的副官。在他后来的事业进程中，这位勇敢、谦逊且聪明过人的人，机智地运用了他向上进取的每一计划，使斯哥托将军对他好感倍增，在他的手下，杰克逊得到了不断的提升。

只有目光短浅、胸无大志的人才会时时标榜自己做了什么，得到了什么，如杰克逊、柯立芝这般伟大的人物却能超脱于这种浅薄的虚荣之外。他们深知，人们所乐意接受和尊敬的是谦逊的人。

法国资产阶级启蒙思想家孟德斯鸠说过："谦逊是不可缺少的品德。"一个有功绩而又十分谦逊的人，他的身价定会倍增。

当然，对于谦逊，我们还要指出的一点是：在这个现实的世界，如果没有人知道，再好的道德和才能也是白费，这就是所谓"酒香也怕巷子深"。所以，过度的谦逊并不可取。谦逊应当有度，要适时地与自我标识相结合，这才是一个人获得成功的艺术。

6.信心——不要刻意模仿别人，你就是最棒的

我们应该庆幸，我们是这个世界上独一无二的个体，我们有着其他人不具备的天赋和能力，所以，我们完全没有必要去羡慕别人、嫉妒别人，更没有必要去模仿别人。

虚荣心理的产生是某些缺乏自信、自卑感强烈的人进行自我心理调适却进入歧途的一种结果。那些缺乏自信、自卑感较强的人，为了缓解或摆脱内心存在的自惭形秽的焦虑和压力，试图采用各种方式来进行自我心理调适，其中一个最直接的方法就是模仿别人，以缩小自己与别人的差距，进而赢得别人对自己的重视和尊敬。

春秋时代,越国的美女西施,其容貌倾国倾城,无论是她的举手投足,还是她的音容笑貌,样样都惹人喜爱。西施略施淡妆,衣着朴素,走到哪里,都有很多人向她行注目礼,没有人不惊叹于她的美貌。

西施患有心口疼的毛病。有一天,她的病又犯了,只见她手捂胸口,双眉皱起,流露出一种娇媚柔弱的女性美。当她从乡间走过,乡里人无不睁大眼睛注视着。

乡下有一个丑女子,名叫东施,不仅相貌难看,而且没有修养。她平时动作粗俗,说话大声大气,却一天到晚做着当美女的梦。今天穿这样的衣服,明天梳那样的发式,却仍然没有一个人说她漂亮。

这一天,她看到西施捂着胸口、皱着双眉的样子竟博得了这么多人的注目,回去以后,她便也学着西施的样子,手捂胸口,紧皱眉头,在村里走来走去。哪知,这丑女的矫揉造作使她原本就丑陋的样子变得更难看了,人们见了这个怪模怪样的丑女人,简直像见了瘟神一般,纷纷躲开。

每个人都有不同的特质。东施效颦之所以丑,就是因为东施把别人的特质生硬地搬到了自己的身上。或许东施本来不丑,但她扭曲了自己的个性,硬学西施的样子,终于搞成了一个什么都不是的丑八怪。所以,请尊重上苍给你的才能,那才是适合你的,一味地模仿只会徒增烦恼。

要相信自己就是最棒的,敢于展示真实的自己,而不是刻意地去模仿别人。也许你没有漂亮的脸蛋,但是你有优美的嗓音;也许你没有窈窕的身材,但是你有一颗善良的心。总之,你是独一无二的,是无可替代的,这才是只属于你的美丽。

每个人的个性、形象、人格都有其潜在的创造性,根本没有必要去模仿他人。卡耐基有一句名言是:"整日装在别人套子里的人,终究有一天会发现,自己已变得面目全非!"的确,一味地模仿别人,最终只会失去自己,得不偿失。

麻雀很美慕孔雀，总想学它。孔雀的步法是多么骄傲啊！孔雀高高地扬起头，抖开尾巴上美丽的羽毛，那开屏的样子是多么漂亮啊！"我也要像这个样子。"麻雀想，"那时候，所有的鸟赞美的一定会是我。"于是，麻雀伸长脖子，抬起头，深吸一口气，让小胸脯鼓起来，学着孔雀的步法前前后后地踱着方步，伸开尾巴上的羽毛，也想来个"麻雀开屏"。可这些做法使麻雀感到十分吃力，脖子和脚都疼得不得了。最糟的是，趾高气扬的黑乌鸦、时髦的金丝雀，甚至连蠢笨的鸭子都嘲笑它。不一会儿，麻雀就觉得受不了了。

"我不玩这个游戏了，"麻雀想，"我当孔雀也当够了，我还是当个麻雀吧！"但是，当麻雀还想像原来那样走路时，已经不行了。麻雀再也不会走了，只能一步一步地跳动。这就是为什么现在麻雀只会跳不会走的原因。

有调查显示，一般人只用了10%的能力，也就是说，我们身体内还有90%的能力未被利用。如果我们把这些潜能挖掘出来，我们就有可能比我们羡慕的人更优秀。所以，不要再为自己不是别人而忧虑了，事实证明，模仿他人永远不可能成功。

7.开心——乐观的态度让人充满能量

在快乐之人的眼睛里，世界是五光十色的。对于想要做的事情，他们只有向前去做的直率，而没有瞻前顾后的忧虑。不必要的烦恼少了，自然更能够看清前进的道路，想出取得胜利的最佳方法。

有一群年轻人生活安逸,游手好闲,没有什么负担,却总是觉得不快乐。他们总觉得有这样或者那样的烦恼,于是约定不再过这样的日子,要一起去寻找快乐。

途中,他们遇到了大哲人苏格拉底。他们向苏格拉底询问:"请问快乐到底在哪里呢?"

苏格拉底回答:"告诉你们快乐在哪里之前,你们要先帮我造一条船,待到船造好之日,就是你们得到答案之时。"

为了寻找快乐,几个年轻人欣然同意了。他们商量好造船的每一个步骤,并且紧锣密鼓地开始动工。他们辛苦地上山寻找造船的木料,终于找到了一棵合适的大树。大家齐心协力将大树砍倒,又费劲地将树心掏空,打算做一只独木舟。为了曲线的完美和船表面的光滑,他们进行了精心的打磨,耗去了七七四十九天时间。最后,美丽的独木舟终于完成了。

年轻人请来苏格拉底,与他一起将船放下水,以检验他们的劳动成果。在船上,大家齐心摇桨,还唱起了动听的歌谣。这时,苏格拉底微笑着问他们:"孩子们,你们现在快乐吗?"

这群年轻人不假思索地齐声答道:"快乐极了!"

苏格拉底说:"这其实就是快乐在何方的真正答案。当你专心地做一件事时,快乐就已然造访了。"

我们经常会感慨:"快乐的时光总是短暂的。"感慨的时候不免遗憾万千。但是如果把这句话换个角度来理解,或许就能够把遗憾变成满足。正因为太过专注地做某件事情,所以会觉得时间过得很快,而在这个专注的过程中,快乐的感觉油然而生。

就像故事中的那群年轻人,整天有大把闲暇时光,却无法体会到快乐,因为他们无所事事,没有专注,没有付出,也没有期待,所以不但觉得时间过得很慢，还很无聊。而当他们真正投入地去做那只独木舟的时候，虽然没有刻意强调需要快乐，但满脑子只是想着如何更好地完成这件事，没有时间无聊，没有时间抱怨，快乐自然随之而来。

有"幼教之母"之称的蒙台梭利在少女时代的很长一段时间内都是不快乐的，因为她想做的事情没有一个人支持她，前方困难重重，而理想则缥缈无影，父亲甚至因为她的"叛逆"而要同她决裂。

有一次，蒙台梭利闷闷不乐地在公园里走着，迎面见到了一个乞讨的老妇人，带着一个两三岁模样的小女孩。她们衣衫褴褛、潦倒不堪，老妇人更是神情疲惫，脸上满是绝望。可是在小女孩的脸上却看不到任何不快的表情，相反，她很投入地在玩着手上的一张彩色纸片，微笑着，满脸的幸福。

正是这张笑脸让蒙台梭利大有感触，她更加坚定了自己的理想和信念，并且以专注的心去追寻，不再难过，也不再为暂时的困境而烦恼。因为她发现，一张彩色的纸片居然能让一个吃不饱穿不暖的小女孩忘掉这些心酸而快乐地微笑，快乐地生活原来是如此简单。

熊熊和阿宝是一对年龄相仿的小伙伴，上同一所幼儿园的同一班，家又在楼上楼下，这使得两个孩子成了很好的朋友，每天一起上幼儿园，一起放学，有好吃的东西也不忘同对方分享。

一天傍晚，熊熊急着要去找阿宝玩，想要把爸爸出差带回来的好东西与阿宝分享。两个孩子在院子里的大树下嬉闹，他们的妈妈站在不远处聊天。

过了一会儿，突然传来孩子的哭声。两个母亲慌忙跑过去，只见熊熊倒在地上，脸上正在流血。熊熊妈急了，大声问："怎么回事？到底怎么弄的？"

熊熊一边哭，一边断断续续地说："我们在玩摔跤，不小心……"没等孩子说完，熊熊妈立刻将目光转向阿宝，凶巴巴地质问道："是你推倒他的吗？肯定是你，这里没有别人，你怎么一点儿也不懂事？"

阿宝看到熊熊妈一脸凶相，吓得不敢说话。阿宝妈不乐意了，将阿宝搂在身后，同熊熊妈吵了起来。

两个大人一个比一个凶，她们甚至没有发现身旁的两个孩子已然忘记了前面的小伤痛，继续开心地玩了起来。童真的笑声打断了大人的争吵，两位母亲面面相觑，尴尬地站在那里。

糟糕的事情发生的时候，成年人总是会往坏的方面想，并把这种"坏"无限地扩大，以至于将整个事情都蒙上阴影。就像每当传来飞机失事的消息，就会有很多人惊恐地质疑飞机这个最快速便捷的交通工具到底有几分安全性。

大事往往会以一种极端的方式出现，要么就是极端正面，要么就是极端负面。如果在极端正面的时候获得了快乐，人们就会误认为快乐只能建立在那种极端的大事之上，从而忽略了每一件小事。

曾经有一位心理学家做过这样一个实验：他找来了几十名不同年龄、不同职业的参与者，让他们用6周的时间认真观察自己的心情。在实验期间，每个人身上都要佩带一个呼叫器，如果他们感到快乐，就对着呼叫器说出来，而且要描述当时自己有多快乐。

6个星期过后，心理学家分析了实验结果，最后发现，相比较一个非常大的快乐来说，人们更中意那种一次又一次来临的小快乐、小惊喜。也就是说，很多人希望的是感受快乐的次数越多越好。

然而，人总是比较容易记住"不一般"的事情，而忽略或遗忘掉一些平凡的事。而那些悲伤、失意、痛苦的事情又都像是被贴上了"不一般"的标签，让人无法忘怀，所以我们时常觉得不快乐，也时常觉得需要去快乐。

烦恼、抱怨、自卑，这些让人不愉快的词语在某些时候会像一块灰色的布一样蒙住我们的双眼,让我们失去对事物最准确的判断,从而跌入反复苦恼的恶性循环当中。

但快乐不一样,它就像沉沉黑暗里的一道曙光,会让人变得耳聪目明,充满能量。

巴斯特是一个非常乐观积极的人,他没有显赫的家世,但凭着自己的努力,他在27岁的时候成为了大学教授。

可是由于这些年将精力都放在了学习和做研究上,他一直没有女朋友。这不免让他的家人感到担心,期望着他能早日成家。

刚当上教授不久,巴斯特就看上了校长的女儿玛丽小姐。"她像天仙一样美丽。"巴斯特常常在心中这样感叹。可她是校长的女儿呀,而且长得那么漂亮,身边追求者如云,怎样才能凭着自己根本不优秀的条件,去战胜那么多的"情敌"呢?要是贸然地进攻,不小心惹恼了玛丽小姐,说不定还会遭到校长的斥责。

巴斯特思考了几天,想出了一个绝妙的点子:写几封信,各个击破防线。

首先,他给校长去了一封信,在信中开门见山地说:"我喜欢您的女儿,并且非常渴望能够成为您的女婿,可是在追求亲爱的玛丽之前,我还是应该先向您阐明一些事实,让您好决定是默许我对您女儿的追求,还是直接拒绝我。"

他在信中坦白地告诉校长,他的父亲只是一个普通工人,靠着微薄的薪水将孩子抚养长大,非常辛苦,同时也很穷,因此他没有任何财产可继承。但是他有健康的身体,并且每天坚持锻炼;他有大学教授的职位,并且工作认真负责、积极进取;他生性乐观,每天都感到快乐,也能给身边的人带来快乐。他拥有的不多,但他一直很努力。

在信的最后,巴斯特说:"我希望能把我微薄的一切作为聘礼,来向您的女儿求婚,希望您能够成全我。"

校长看过信后，非常欣赏巴斯特，他觉得这个年轻人胆子大，同时很淳朴，是个值得信赖的人。于是，校长把信给了女儿，并且表示尊重女儿的意见，自己绝不干涉。

接下来，巴斯特发出了自己的第二封信，这封信是写给玛丽的妈妈，也就是校长夫人的。他在信中说："其实我更加担心的不是我聘礼的微薄，而是玛丽小姐对第一印象的在意程度。说实话，在这一点上我没有信心，第一印象对我来说一向是不利的，但是我记得那些熟悉我的人曾经告诉过我，他们都很喜爱我。"

这封信打动了校长夫人，她告诉女儿，自己对这个年轻人也充满了好感，一切就看玛丽自己的决定了。

最后的"进攻"开始了，巴斯特发出了自己的第三封信，毫无疑问，这封信是写给玛丽小姐的。他在信中用温情而快乐的语气写道："亲爱的小姐，我知道这样冒昧地向你求婚的确有一些莽撞，但祈求你不要在这一刻放下手中的信，不要那么快地作出决定。因为你有可能错了，时间老人或许会在不久之后告诉你，在我不出众甚至有些腼腆的外表之下，有着一颗深爱着你、愿意将满腔热情都奉献给你的心。"

最终，巴斯特成功了。玛丽小姐在看过父母收到的信之后，就已经对这个小伙子产生了好感，再加上最后一封信中的诚恳表达，玛丽小姐认定这是一个值得托付终身的人，应该去珍惜。

没有上好的条件，也没有吸引人的外表，但巴斯特最终还是捕获了爱人的芳心。因为他虽然不帅气，却乐观积极，懂得合理地去争取，而不是鲁莽行事或在自卑中自怨自艾。

一种人身处逆境却能微笑面对，另一种人遇到困难就一触即溃。前者会是成功者，因为他们处逆境而乐观，具有成功的潜质；而更多的人像后者，一遇逆境便沮丧、失望而停止奋斗，这种人恐怕很难获得成功。

人不应被情绪控制，做情绪的奴隶，而应该去控制情绪，做自己的主人。无论身处怎样恶劣的环境，我们都应该去正视它、改变它，救自己于黑暗之中。当一个人从黑暗中走出来，踏上光明大道，自然会信心百倍、勇往直前。

8.明心——改善心灵的八大心识方法

转念改变想法，远离忧伤的感受，释放负面的记忆，种植善念，净化心灵等，可以归纳出改善情绪的八大心识方法，从而更好地获得幸福。

(1)正反转三思

山不转路转，路不转人转，人不转心转。

正反转三思，顾名思义就是正向思考、反向思考及转向思考的总称，它是一种积极改变人们内心想法的有效策略，是应用想识思考改变内心藏识的想法和认知。比如，对愤怒的事物，我们可以重新诠释，改变解读；对委屈的事及不合理的事，可以重新将之合理化；对讨厌怨恨的人，可以改变自己对他的观点；对价值观、满足度可以重新定义，重新调整预期心。

第一，改变想法策略。

应用正反转三思策略，即从正面、积极的方面思考，或向相反方向作逆向思考，亦可换位进行转方向思考，即所谓人不转我转，我不转心转。

一位喜欢赌马的人，因为丢掉了比赛用的宝马，内心很痛苦。

假使他能够从正面去思考，就会觉得"丢马其实只是意外，没有人能永远拥有这匹马，再伤心烦恼也没有用"；

再假设他进行反方向的逆向思考，就会觉得"没有马也好，那样我以后就不用再赌马了，也就不会再有机会把钱赌输给别人了。细细想来，就

算我能把马儿找回来,以后赛马时万一不小心从马上跌下来、跌伤了、摔断腿……更得不偿失";

假设他转个方向去换位思考,就会认为"缘由天定,此马丢了,或许我可以再买一匹更好的马,旧的不去,新的不来",这样心里就会释然许多。

又比如,某人遭遇亲人病故、亲人离散,非常伤心痛苦,但是谁都明白伤心无用,只能节哀顺变。为了帮其释怀,我们可以引导他作如下思考。

首先,站在他的立场上作正面的积极思考——老人家的一生是磊落的一生、幸运的一生,我们谁也没想到老人家会走得这么快、这么急。可是生老病死,本为常事,再美好的人生也不可能永远保证亲人能不离不散,再说"人死不能复生",再伤心也没有用,自己的日子还要继续过,一起想一想如何完成老人家的遗愿才是关键。

其次,再从反方向进行逆向思考——老人病故了,他终于从病痛中解脱了,再也没有痛苦、没有烦恼了。所以,我们应从内心去祝福他,为他祷告。

最后,站在换位的立场去引导他进行转向思考——为了不再增加家庭的负担,老人家选择了这条路,也真是苦了他了。我们应该化悲痛为力量,继续他以前未能完成的工作,努力奋斗,帮助老人家实现他的心愿。

同样,离婚、失恋、单相思、失业等痛苦的事情,我们也可以朝积极方向进行思考。

第二,人不转心转。

很多时候,我们很难改变别人的观念和决定,没有办法弄走他,自己又不愿离开,那就只有设法改变自己的心态了。

欣如在日本读书时,一位舍友有些啰嗦,经常找一些鸡毛蒜皮的事与欣如较真。有一次,欣如生气了,狠狠地跟舍友吵了一架,弄得双方都很不高兴。

事后，欣如想：我暂时无法改变舍友的处世作风，也无法将其赶走，而自己暂时又不打算搬离宿舍，就只好在内心里说服自己"委曲求全"。

于是，欣如去向舍友赔了不是，说自己不知怎么一时糊涂了，竟然莫名地生气，把气发到了舍友身上，请求她的原谅。从此，舍友再也没找过欣如的麻烦，双方至今还保持着良好的互动沟通。

第三，改变认知，重新诠释，重新解读，重新定义。

日常生活中，我们所接触的很多已经被定义了的事物，事实上其定义也许不一定是积极的、准确的、理想的。为了改变我们的"藏识认知"，可以重新将"被嘲笑、被诽谤、被骂、被侮辱……"的事情进行再定义，再生新的诠释内容。

第四，改变心态。

心态是内心藏识的态度，对人、事、物想法看法的状态。改变心态，就是应用想识改变思维，通过思考改变内心的观点、态度，例如将悲观的心态、消极的态度改变为积极的态度。

一个人在大地震中失去了妻子、女儿，儿子也在地震中残废了，他内心充满了悲伤和地震留下的阴影。经过一番心理康复训练，他终于想通了：自己大难不死，应该好好活下去。于是，他化悲愤为力量，开始当义工，协助抢救工作，也劝儿子要勇敢，不要自怜自卑，腿断了，但生命还在，明天太阳还会升起，日子还是要过。在他的开导下，儿子也改变了心态，重新回到了学校，过上了正常的生活。

曾任美国国会参议员的爱尔默·托马斯，15岁时长得很高，瘦得像竹竿，但是打球、赛跑各方面却都不如别人。同学取笑他，给他起了一个"马脸"的封号，托马斯的内心因此充满了烦恼和自卑。经过情绪管理的学习,托马斯克服了自卑感,战胜了尴尬的心态,重获信心和勇气,健康的心理彻底改变了他的一生。

(2)释放负面认知

日常生活中,人们难免会有一些忧虑、担心等负面记忆存在,而这些负面的记忆长期积压之后,就会形成压力。

特别是对于一些不平之事的想法、受屈受辱的记忆……压抑得太久,往往会对心灵造成创伤,所以应当设法把它们从心中释放出来。

那么,如何释放呢?

我们可以站在高山上大声吼叫,或者找一个没有人的地方痛痛快快地大哭一场,抑或清醒地摔些无关紧要的东西。在日本、美国、韩国等国家,有人聪明地注册了一些专供人们"发泄"的出气公司,他们会花小钱买来一些廉价的模特、道具等商品,供要发泄的人摔打、报复,然后再收取费用。

(3)远离感受环境

远离感受,其实就是离开负面的生活环境,主动选择感受有效信息,远离或避免负面的刺激。

生活中,要想管理好自己的情绪,就不要主动去感受过多的负面环境,要善于断绝负面情绪信息的来源。不看某些事情,我们就可以"眼不见为净";不听某些事情,我们就可以当自己"不知道就没事了"。

事实上,凡事均可以改变情境,感受不同情境可以让我们避免触景伤情。你可以选择正面而有益的情绪信息,或者播种有利的想法、观念、行为,或者选择感受积极的信息,避免吸收负面的信息,从而达到稳定情绪的目的。

那么,我们应该如何选择正确的信息呢?

第一,离开现场,避免受刺激。

争论吵架时,人们总是互相刺激,双方急于辩解,急于反驳,脸上的表情、肢体动作互相感染，结果越争越气。最好的方法是先离开一阵，进行"冷处理"，比如倒杯茶、喝点水、上洗手间等，让感识不再继续被刺激。劝说不动对方，对方不转变，就自己先转变。

第二，远离伤心之地，避免触景伤情。

遭遇失意、失恋时，容易触景伤情。此时，应改变环境，离开伤心的地方，通过转换不同的环境，不同的人、事、物，来避免继续受到同样的刺激。因此，失恋时，你可以外出旅游，不仅能够陶醉于美丽的大自然，使自己心旷神怡，还能舒解心中不愉快的情绪意念。

(4)播种善念

心中的每一种想法、每一种观念，就像是不同品种的种子，我们种下什么种子，就会结出与种子相同属性的果实。也就是说，如果我们的心中有爱，那么，觉识就会产生出"爱的情绪觉知"；如果我们心中想的是愤恨，就会产生出某种"恨的情绪"。

所以，要想保持较好的情绪，就要储存好的观念和想法，种善因才能得善果。情绪管理就是要多播种善因，即播种善念，培养好的观念和想法，这样自然会产生好的情绪之果。

在生活与工作中，多做一些有功德的好事，多播种善因，在心中多储存一些好的记忆，让正面的、积极的、可成功发芽、能开花结果的种子深埋在你的内心深处。因为有风度、有学识、有好的心态、有善的记忆，所以藏识散发出来的心念也是善的、正面的觉知和正面的情绪。

(5)净化心灵

内心没有烦恼的想法，就不会有忧虑的事情，觉识就不会有忧愁的情绪；内心没有不平事或没有怨恨的想法，觉识就不会有生气的感觉。

我们之所以会感到愤怒或怨恨，是因为我们的内心有太多的贪念、无穷的欲望……如果内心的某些欲望未达到，就会产生挫折失望的痛苦。

内心执著、有成见、主观，犹如镜子染尘，反映的影像会失真。我们内心的执著,如果不是择善而固执,一旦固执自有的主观"成见",内心的觉识就会依照主观觉识产生想不开、看不清、听不明的困境,这就是"困扰"形成的原因。

(6)心灵充电

工作时间长了,会感受疲惫;事情不顺心,会感觉压力大,不论体力、心力都有种无力感。此时,你需要给心灵充电。为心灵充电,可以放松心情,舒缓紧张情绪。心灵充电主要有下列方式:

休息——冲凉后美美地睡上一觉,或带着孩子出去玩一玩,或干一些简单的家务……

散步——一个人独自在马路上漫步,或与爱人一起牵手前行,或约几个好友边走边聊……

娱乐——唱卡拉OK、听mp3、打电子游戏、与朋友去公园玩、打牌……

听音乐——听交响乐、明星演唱会、教育光碟、学习录音……

看电视——看名人对话、专家大讲堂、足球评论、连续剧、现场直播节目……

运动——跑步、练拳击、打篮球、跳绳、赛跑、骑自行车……

打球——打乒乓球、打网球、打高尔夫、打台球、踢足球、打棒球、掷铅球……

爬山——上山野炊、与爱人游山玩水、与朋友登山比赛……

旅游——市内旅游、省内旅游、国内旅游、国外旅游、故地重游……

谈心聊天——与朋友谈心、与老师谈心、与爱人谈心、与家人谈心……

(7)静心

静心可以使急躁的心念沉淀下来,使烦躁的情绪安静下来,更可以启发灵感,产生顿悟,发挥潜能。这部分在情绪控制中至关重要。

1)静坐

坐在椅子上、床上或轿车里,随时可以闭目养神,甚至打瞌睡。坐前,将头摆正,手平放在腿上,坐直坐稳,身体不要摇动,调整呼吸,将呼吸拉长变慢,意想从头部往下放轻松,放轻松,再放轻松,心自然就静下来了。

2)立静

双脚平行站稳,头摆正,身站直,手扶柱子(如无柱子就平放于两腿外侧),站稳使身体不摇动。如站在公交车上,车子振动,也要像高楼的避震器一样保持平衡。注意呼吸,从头部、眼皮、嘴唇、双眉、手臂、手掌、手指逐步放松,放松,慢慢就进入了冷静蒙眬的休息状态。

3)卧休

平躺在床上,手脚自然平放,不用意志力控制,不要有压迫感,如有不舒服之处,用手轻抚。调好姿势之后,调呼吸,放轻松,心就会平静下来。开始之后即使再有不舒服,或手痒、脚痒、头痒也不要理它,不要再动,意识自然往下沉,进入超觉之境。

(8)信仰

把问题与自己的责任、身上的使命、未来的伟大事业等一比较,你就会发现,自己根本没有时间去计较那些身边的小事。很多有信仰的朋友通过祈祷、祷告,把内心的烦恼交给自己的信仰,释放内心负面的情绪,将内心矛盾冲突的想法发泄出来,从而解决情绪的问题。